Gas-, Wasser- und Abwasser-Installationsarbeiten innerhalb von Gebäuden – Kommentar zu VOB/C: ATV DIN 18381

Jetzt diesen Titel zusätzlich als E-Book downloaden und 70 % sparen!

Als Käufer dieses Buchtitels haben Sie Anspruch auf ein besonderes Kombi-Angebot: Sie können den Titel zusätzlich zum Ihnen vorliegenden gedruckten Exemplar für nur 30 % des Normalpreises als E-Book beziehen.

Der BESONDERE VORTEIL: Im E-Book recherchieren Sie in Sekundenschnelle die gewünschten Themen und Textpassagen. Denn die E-Book-Variante ist mit einer komfortablen Volltextsuche ausgestattet!

Deshalb: Zögern Sie nicht. Laden Sie sich am besten gleich Ihre persönliche E-Book-Ausgabe dieses Titels herunter.

In 3 einfachen Schritten zum E-Book:

❶ Rufen Sie die Website **www.dinmedia.de/e-book** auf.

❷ Geben Sie hier Ihren persönlichen, nur einmal verwendbaren E-Book-Code ein:

2709933BD16190A

❸ Klicken Sie das „Download-Feld“ an und gehen dann weiter zum Warenkorb. Führen Sie den normalen Bestellprozess aus.

Hinweis: Der E-Book-Code wurde individuell für Sie als Erwerber dieses Buches erzeugt und darf nicht an Dritte weitergegeben werden. Mit Zurückziehung dieses Buches wird auch der damit verbundene E-Book-Code für den Download ungültig.

Gas-, Wasser- und Abwasser-Installationsarbeiten innerhalb von Gebäuden

Andreas Braun
Stefan Tuschy

Gas-, Wasser- und Abwasser-Installationsarbeiten innerhalb von Gebäuden

Kommentar zu VOB/C: ATV DIN 18381

1. Auflage 2018

Herausgeber:
DIN Deutsches Institut für Normung e. V.

Beuth Verlag GmbH · Berlin · Wien · Zürich

Herausgeber: DIN Deutsches Institut für Normung e. V.

Berlin · Wien · Zürich
Am DIN-Platz
Burggrafenstraße 6
10787 Berlin

Telefon: +49 30 2601-0
Telefax: +49 30 2601-1260
Internet: www.beuth.de
E-Mail: kundenservice@beuth.de

Titelbild: © Algirdas Gelazius, Benutzung unter Lizenz von shutterstock.com
Satz: B & B Fachübersetzergesellschaft mbH, Berlin
Druck: Print Group, Stettin
Gedruckt auf säurefreiem, alterungsbeständigem Papier nach DIN EN ISO 9706

ISBN 978-3-410-27099-7
ISBN (E-Book) 978-3-410-27100-0

Vorwort

Mit der Gesamtausgabe 2016 der VOB ist die Besonderheit verbunden, dass auf Grundlage eines Beschlusses des Deutschen Vergabe- und Vertragsausschusses für Bauleistungen DVA die „Allgemeinen Technischen Vertragsbedingungen für Bauleistungen“ in VOB Teil C bezüglich des Kapitels 5 „Abrechnung“ formal aneinander anzugleichen waren. Damit in Zusammenhang steht die Aufforderung des Hauptausschusses Hochbau HAH an alle ehemaligen Fachberatergremien, ihre jeweiligen Fachnormen entsprechend anzupassen. Für die ATV-Normen DIN 18379 „Raumlufttechnische Anlagen“, DIN 18380 „Heizanlagen und zentrale Wassererwärmungsanlagen“ und DIN 18381 „Gas-, Wasser- und Entwässerungsanlagen innerhalb von Gebäuden“ ergab sich daher die Gelegenheit, alle drei Normen auf einen aktuellen Stand der Technik zu bringen und gleichzeitig inhaltlich anzugleichen. Besonders förderlich für die gemeinsame Bearbeitung war der Umstand, dass alle drei Arbeitsgruppen von Prof. Gerald Lange geleitet wurden, für dessen ehrenamtliches Engagement an dieser Stelle ein besonderer Dank ausgesprochen wird.

Die Autoren der Kommentare zu DIN 18379, DIN 18380 und DIN 18381 waren, neben Vertretern der öffentlichen Auftraggeber, der Planer und der Sachverständigen, in die Überarbeitung der Normen eingebunden und haben sie somit inhaltlich mitgestaltet. Sie sind für die Verbände des TGA-Handwerks und des TGA-Anlagenbaus als technische Referenten tätig. Ein Ergebnis der gemeinsamen Bearbeitung der drei Kommentare ist eine inhaltlich gleiche Interpretation gleichlautender Abschnitte.

Bei dem Einsatz der Kommentare zur Interpretation von Inhalten der technischen Vertragsbedingungen ist immer auch die allgemein für alle ATVen geltende DIN 18299 „Allgemeine Regelungen für Bauarbeiten jeder Art“ zu berücksichtigen. Hier sind die allen Gewerken übergeordneten Themen geregelt, welche daher in den einzelnen Fachnormen nicht mehr separat behandelt werden.

Die Kommentierung bezieht sich ausschließlich auf die technischen Inhalte der behandelten Norm und soll ausdrücklich nicht als deren juristische Würdigung verstanden werden.

Autoren

Die Basis dieses Kommentars wurde übergreifend über die ATV DIN 18379, ATV DIN 18380 und ATV DIN 18381 von folgendem Autorenteam erstellt (in alphabetischer Reihenfolge):

- Andreas Braun (ZVSHK), Staatl. gepr. Techniker
- Dipl.-Ing. (FH) Clemens Schickel (BTGA)
- Dipl.-Ing. M. Eng. Stefan Tuschy (BTGA)
- Dr.-Ing. Matthias Wagnitz (ZVSHK)

Die Anpassung speziell an die ATV DIN 18381 erfolgte durch die beiden Hauptautoren dieses Kommentars Andreas Braun und Stefan Tuschy.

Annette Bothing (Olaf Heinecke Beratende Ingenieurgesellschaft mbH) sei an dieser Stelle für die Erstellung der Abbildung in Kapitel 5 gedankt.

Dieser Kommentar wurde erstellt mit freundlicher Unterstützung von

Inhaltsverzeichnis

Einleitung

Die ATV DIN 18381 „Gas-, Wasser- und Entwässerungsanlagen innerhalb von Gebäuden“ wurde vom Deutschen Vergabe- und Vertragsausschuss für Bauleistungen (DVA) fachtechnisch überarbeitet und an den neuesten Stand des Baugeschehens angepasst. Dabei wurde der Abschnitt zur Abrechnung neu strukturiert. Redaktionell wurden unter anderem die Verweisungen auf VOB/A aktualisiert.

Dieses Werk enthält eine umfassende Kommentierung dieser ATV und informiert über ihre Auslegung und Anwendung in der Praxis. SHK-Handwerker, Planer, Hersteller, Fachhoch- und Meisterschulen erhalten mit dem Buch eine nützliche Orientierungshilfe, die das Arbeiten mit den normativen Festlegungen erheblich erleichtert.

Enthalten ist auch eine Gegenüberstellung der ATV aus VOB 2016 und 2012.

Inhaltliche Gliederung:

- Hinweise für das Aufstellen der Leistungsbeschreibung
- Stoffe, Bauteile
- Ausführung
- Nebenleistungen und besondere Leistungen
- Abrechnung

Kommentierung der ATV DIN 18381 „Gas-, Wasser- und Abwasser-Installationsarbeiten innerhalb von Gebäuden"

0 Hinweise für das Aufstellen der Leistungsbeschreibung

Diese Hinweise ergänzen die ATV DIN 18299 „Allgemeine Regelungen für Bauarbeiten jeder Art", Abschnitt 0. Die Beachtung dieser Hinweise ist Voraussetzung für eine ordnungsgemäße Leistungsbeschreibung gemäß §§ 7 ff., §§ 7 EU ff. beziehungsweise §§ 7 VS ff. VOB/A.

Die Hinweise werden nicht Vertragsbestandteil.

In der Leistungsbeschreibung sind nach den Erfordernissen des Einzelfalles insbesondere anzugeben:

Aufgrund der besonderen Verantwortung die den Anlagen zur Gebäude-Ver- und -Entsorgung mit den Medien Trinkwasser, Wasser, Gas und Abwasser zukommen, kommt der Planung und Ausführung dieser Gewerke eine große Rolle zu.

Bei Planung, Bau und Betrieb gebäudetechnischer Anlagen sind regelmäßig besondere Anforderungen an Energieeffizienz, Bedienbarkeit und die Hygiene und somit an die sichere Versorgung mit Trinkwasser und die Standsicherheit von dauerhaft druckführenden Wasserleitungen zu beachten. Zusätzlich gilt es ebenfalls, die Standsicherheit von Gasinstallationen mit besonderem Augenmerk auf den Schutz vor Explosionen und der Ausbreitung von Bränden zu errichten. Auch die dauerhaft sichere Entsorgung und Abführung des anfallenden Abwassers von Dachflächen, Apparaten und aus sanitären Einrichtungen wie Bädern, Küchen usw. unter Berücksichtigung der Anforderungen an den Brand- und Schallschutz gehören zu den besonderen Aufgaben dieser Gewerke im Gesamtbauablauf.

Gleiches gilt für die Verknüpfung mit anderen Gewerken, die auf eine Ver- oder Entsorgung mit Medien angewiesen sind (wie z.B.: Heizung, MSR usw.), sowie die Abstimmung mit angrenzenden Gewerken wie z.B. Fliesenlegern, Dachdeckern und Klempnern.

Um diese Anforderungen zu erfüllen und eine ordnungsgemäße Ausführung zu ermöglichen, wurde das Kapitel 0 als Hinweis für den Planer formuliert. In Verbindung mit Kapitel 3, in welchem vorrangig Nebenleistungen beschrieben werden, findet der Planer hier Hinweise zur Aufstellung einer angemessenen Leistungsbeschreibung.

Kapitel 0 wird nicht Vertragsbestandteil nach VOB.

Grundlegend sind die Regelungen der ATV DIN 18299 „Allgemeine Regelungen für Bauarbeiten jeder Art“ zu berücksichtigen. Werden in dieser ATV abweichende Angaben zur ATV DIN 18299 gemacht, so gehen die Angaben der ATV DIN 18381 vor. Grund hierfür sind die Besonderheiten des Gewerkes, die nicht in den allgemeinen Regelungen für Bauarbeiten abgebildet werden können.

0.1 Angaben zur Baustelle

Um den Bauablauf gut planen zu können und um mögliche Störfaktoren frühzeitig zu eliminieren, ist es notwendig, sich im Vorfeld der Planung und Ausführung einen guten Überblick über die zu erwartenden Einflussfaktoren zu verschaffen. Dazu ist auch eine genaue Kenntnis der Bedingungen an der Baustelle vonnöten.

0.1.1 Hauptwindrichtung.

Die Hauptwindrichtung hat wesentliche Auswirkung auf Witterungseinflüsse und die Luftströmung um das Gebäude. Für die Planung bedeutet dies, dass darauf zu achten ist, an welchen Stellen Lüftungsöffnungen möglich und sinnvoll sind. Man kann hier positive Effekte beispielsweise bei An- und Abströmung von Lüftungsgittern nutzen, oder auch einen Grundstein für negative Einflüsse legen. Auch hinsichtlich der Isolierung von Bauteilen sind diese Angaben hilfreich. So lässt sich die Anordnung von schützenden Umhüllungen besser und wirtschaftlicher planen. Auch in Bezug auf die Anordnung von Lüftungshauben für die Strangbelüftung und die damit einhergehende mögliche Geruchsbelästigung sind diese Angaben bei der Planung zu berücksichtigen.

Für die eigentliche Ausführung zum Zeitpunkt der Bauphase ist diese Angabe ebenfalls wichtig. Noch fensterlose oder offene Räume, die der Witterung und dem Eintrag von Staub und sonstigen Immissionen stärker ausgesetzt sind, eignen sich nicht für die Lagerung und Unterbringung von empfindlichen Materialien und Bauteilen.

Es lässt sich auch darauf schließen, in welchen Bereichen durch die Arbeiten Störungen für die Nachbargrundstücke und Gebäude auftreten können.

Sind solche Konflikte absehbar, oder werden die notwendigen Daten nicht zur Verfügung gestellt, so sollten schriftliche Bedenken geäußert werden.

0.1.2 Ausbildung von Baugruben.

Bei der Ausbildung von Baugruben sind der Umfang der Maßnahme und die Dauer bis zur Verfüllung der Grube klar zu definieren. Unter Umständen kann es sinnvoll sein, die Grube und den Verbau auch für andere Beteiligte mit auszuführen und vorzuhalten, was im Leistungsverzeichnis genau zu beschreiben ist. Ebenso ist genau abzustimmen, welche Grenzen zu Nachbargrundstücken und anderen Bauteilen während der gesamten Bauphase einzuhalten sind.

0.1.3 Bebauung der Umgebung.

Die Bebauung der Umgebung kann einen wesentlichen Einfluss auf die Abläufe im Baugeschehen haben. Im Leistungsverzeichnis ist bereits auf mögliche Hindernisse wie zum Beispiel: fehlende Parkplätze, Zufahrtsbeschränkungen, Ruhezeiten etc. hinzuweisen.

0.1.4 Art der Abdichtung von Bauwerken und Bauwerksteilen, z. B. Wannenausbildung von Kellern.

Diese Hinweise sind aus mehreren Gründen notwendig.

Aufgrund von Unverträglichkeiten einzelner Werkstoffe kann sich deren gemeinsame Verwendung verbieten. Außerdem müssen häufig Dichtungsebenen aufgrund der Leitungsführung durchbrochen werden. Dabei muss ein geeigneter Anschluss an die Dichtungsebene gewährleistet werden.

Für die Wahl der Wand-, Boden- und Deckendurchführungen, Bodenabläufe und Schächte ist die Beschaffenheit und Ausbildung von Bauwerksteilen entscheidend. Um alle Bauteile entsprechend auszuwählen und rechtzeitig vorzuhalten, ist eine frühzeitige, umfassende Abstimmung nötig. Wird das Bauwerk beispielsweise mit einer sogenannten „Weißen Wanne“ ausgestattet, darf diese nicht bzw. nur in einem zugelassenen Umfang durch Installationsarbeiten, beispielsweise Bohrlöcher für Halterungen, beschädigt werden.

0.1.5 Aufbau der Fußboden- und Dachkonstruktion, Dämmung und Abdichtung.

Um die fertigen Maße und Höhen im Vorhinein richtig vorzurichten, sind die Angaben zu Aufbauhöhen und Unterkonstruktionen, beispielsweise auch zur Lage von Unterzügen oder Trägern, bekanntzugeben.

Zusätzlich dienen die Angaben zur Beurteilung der geplanten Leitungsführung, beispielsweise einer Verlegung im Boden- oder Deckenaufbau. Die Befestigungssysteme müssen den örtlichen baulichen Gegebenheiten angepasst werden. Bei einer Leitungsverlegung unterhalb der Dachkonstruktion ist das an den Dachaufbau angepasste System, beispielsweise bei Trapezblecheindeckung, auszuwählen. Der vor Ort angegebene Meterriss ist entsprechend zu prüfen. Ergeben sich im Verlauf der Ausführung Abweichungen von den Vorgaben, ist ein erneutes Abstimmen erforderlich.

0.1.6 *Art und Umfang der Schutzmaßnahmen entsprechend VDE-Bestimmungen.*

Die Abstimmung von Art und Umfang der Schutzmaßnahmen entsprechend VDE-Bestimmungen ist zwingend erforderlich, um alle sicherheitsrelevanten Arbeiten fachgerecht auszuführen. Die einzuhaltenden Schutzmaßnahmen können auch Auswirkungen auf die Produktauswahl und die Ausführung von Spritzwasserbereichen haben.

0.1.7 *Art, Lage, Maße und Ausbildung sowie Termine des Auf- und Abbaus von bauseitigen Gerüsten.*

Zur optimalen Nutzung der Standzeiten von bauseitig beigestellten Gerüsten ist es zu empfehlen, die Arbeiten und Zeitabläufe auf diese Vorhaltezeiten abzustimmen. Die Termine des Auf-, Ab- und Umbaus sind zu koordinieren, da es zu diesen Zeiten zur Einschränkung des eigenen Arbeitsbereiches kommen kann.

0.1.8 *Geländehöhen und Höhe der Rückstauebene.*

Geländehöhen und Höhe der Rückstauebene sind bereits im Vorfeld zu klären, um unnötige Mehrarbeiten zu vermeiden. Durch den nachträglichen Einbau von Hebeanlagen, Pumpen und Rückstauverschlüssen erhöhen sich die Bau- und Betriebskosten.

0.1.9 *Art und Lage der notwendigen zur Verfügung zu stellenden Ablaufstellen zur Aufnahme von Entwässerungsstellen aus Fremdgewerken.*

Um alle Übergangspunkte zu „Fremdgewerken“ ordnungsgemäß zu berücksichtigen, sind die benötigten Anschlüsse für Gas, Wasser und Abwasser für Geräte und Apparate anzugeben.

0.2 Angaben zur Ausführung

Zusätzlich zu den in ATV DIN 18299 genannten Angaben zur Ausführung werden im Bereich Sanitärtechnik 45 weitere relevante Punkte als Checkliste für die notwendigen Informationen zur Ausführung aufgeführt. Der große Umfang dieser Checkliste begründet sich in der Komplexität des Gewerkes.

Bei der Erstellung von Gas-, Wasser- und Abwasseranlagen innerhalb von Gebäuden bestehen aufgrund der Vielzahl von Schnittpunkten (z. B.: Anschlüsse, Durchdringungen) Schnittstellen zu nahezu allen Gewerken (z. B.: Fliesen, Estrich, Rohbau, Trockenbau, Heizung, Lüftung, Elektro). Hinzu kommen Abhängigkeiten an den Bauablauf und die Lage der Baustelle (z. B.: Zugänglichkeiten, besondere Erschwernisse, Witterungseinflüsse).

Der Auftragnehmer muss hier die Möglichkeit bekommen, bereits bei Angebotserstellung einen Überblick über die zu erwartenden Umstände auf der Baustelle und im Bauablauf zu bekommen. Auch wenn für die Aufstellung der Daten, die als erläuternde Angaben zu den Angaben des Leistungsverzeichnisses erstellt werden müssen, der Auftraggeber verantwortlich ist, so kann der Auftragnehmer im Vorfeld gezielte Fragen stellen, wenn ihm Unstimmigkeiten oder Unklarheiten auffallen.

Je genauer die Beschreibung der auszuführenden Leistung und der Rahmenparameter ist, umso genauer kann das Angebot ausfallen.

0.2.1 Anzahl, Art, Lage, Maße, Stoffe und Ausbildung der herzustellenden Anlagen.

Um dem Auftragnehmer eine genauere Vorstellung zu dem geplanten Umfang der im Auftragsfall zu erbringenden Leistung zu vermitteln, ist eine genaue Beschreibung der zu erstellenden Anlagen erforderlich. Dabei sollen alle notwendigen Angaben beispielsweise zum Umfang der Leistungen oder den gewünschten Qualitäten im Leistungsverzeichnis beschrieben werden. Sind beispielsweise Anschlüsse für Elektroantriebe, Schalt- oder Messpunkte vorgesehen, so muss der Auftragnehmer in der Lage sein, an den richtigen Stellen entsprechende Anschlüsse in benötigter Anzahl zu berücksichtigen.

Der Text wurde als Standardtext durch den HAH vorgegeben und sofern erforderlich an die Belange der jeweiligen ATV, in den er übernommen wurde, angepasst.

***0.2.2** Umfang der vom Auftragnehmer vorzunehmenden Installation der anlageninternen elektrischen Leitungen einschließlich Auflegen auf die Klemmen.*

Gerade in Hinsicht auf die Gewerke Elektrotechnik und MSR ist eine genaue Abgrenzung erforderlich, da im Bauablauf gerade hier Regelungslücken erkennbar werden. Der Auftraggeber hat festzulegen, wo genau die Schnittstellen zwischen den Gewerken liegen. Es ist eine genaue Definition der Liefergrenzen für jedes Gewerk erforderlich. Hier kann als Beispiel die Lieferung einer Druckerhöhungsanlage mit Schaltschrank genannt werden, auf den die Stromversorgung aufzulegen ist. Hier sind im Vorfeld genaue Angaben notwendig, wer welche Arbeiten ausführt und wer welche Anschlüsse liefert.

***0.2.3** Art und Bedarfe, z. B. thermischer Energiebedarf, anderer, nicht zur vertraglichen Leistung gehörender Komponenten.*

Zu versorgende, bereits bestehende Anlagen oder das Anbinden von Anlagen anderer Gewerke sind ausführlich im Leistungsverzeichnis zu beschreiben. Die zu erbringende Leistung muss klar abgegrenzt werden, um eine Kalkulation der Leistung zu ermöglichen. Als Beispiel kann der Anschluss von Anlagen in einem bereits bestehenden Gebäudeteil dienen, der von der ausgeschriebenen Anlage mitversorgt, jedoch nicht im Rahmen des Auftrages saniert wird.

***0.2.4** Geforderte Druckstufen für Anlagenteile.*

Sind für bestimmte Anlagenteile unterschiedliche Druckstufen vorzusehen, so sind die genauen Positionsangaben und Anforderungen an die jeweiligen Druckzonen klar zu definieren.

***0.2.5** Beibringen von Genehmigungen, Prüfungen und Abnahmen, z. B. Behälterprüfungen gemäß Betriebssicherheitsverordnung (BetrSichV), Anlagen für radioaktive Abwässer.*

Sind Genehmigungen, Prüfungen und Abnahmen gefordert und somit durch den Auftragnehmer beizubringen, so sind diese ausführlich zu beschreiben. Hierbei handelt es sich um eine Besondere Leistung.

0.2.6 *Zerstörungsfreie Prüfungen bei Hochdruckleitungen und schwer zugänglichen Leitungen.*

Sind besondere Prüfungen (z. B. Röntgenprüfungen von Schweißnähten) erforderlich, so sind diese im Vorfeld mit den einzuhaltenden Vorgaben anzugeben.

0.2.7 *Anzahl, Art und Maße von Mustern und Musterkonstruktionen. Ort der Anbringung.*

Sind besondere Muster oder Musterkonstruktionen bereitzustellen oder zu errichten, so sind hierzu die entsprechenden Angaben zu machen. Die Erstellung von Musterbädern zur Typen-Auswahl beispielsweise sind gesondert zu beschreiben. Ebenso ist der Ort für die Anbringung der Muster bekanntzugeben und zu beschreiben.

0.2.8 *Art und Umfang von Leistungen für den Winterbau.*

Sind witterungsbedingt besondere Vorkehrungen für die Erbringung von Leistungen zu treffen, so sind diese in Art und Ausführung genau zu beschreiben. Beispiel ist die Erstellung von Provisorien zur Beheizung der Baustelle, um bei niedrigen Außentemperaturen Verlegearbeiten von Kunststoffleitungen zu ermöglichen. Siehe hierzu auch Abschnitt 3.1.5.

0.2.9 *Schutz von Bau- und Anlagenteilen, Einrichtungsgegenständen und dergleichen.*

Sind zum Schutz vorhandener Einrichtungsgegenstände und Bauteile besondere Vorsichtsmaßnahmen zu ergreifen, so sind diese im Leistungsverzeichnis zu beschreiben. Beispiele: Arbeiten mit minimierter Staubbelastung, Schutz und Lagerung wieder zu verwendender Bauteile, Abdeckungen für Fußböden.

0.2.10 *Angaben zur Umsetzung eines Hygienekonzepts.*

Wird der Auftragnehmer mit der Umsetzung eines Hygienekonzepts beauftragt, so sind ihm alle notwendigen Daten und Unterlagen aus der Planung zur Verfügung zu stellen. Dies können beispielsweise die Vorgaben zur Erhaltung des hygienisch einwandfreien Zustandes beim Bauen im Bestand sein oder die

Einhaltung und Umsetzung von Vorgaben zu Befüllen und Spülen von Leitungen und Anlagenteilen während der Bauphase.

Besondere Vorgaben sind detailliert aufzuführen.

0.2.11 Besondere Anforderungen an Wand- und Deckendurchführungen.

Besondere Anforderungen an Wand- und Deckendurchführungen, für die Anforderungen an Brand-, Schall-, Wärme-, Feuchte- und Strahlenschutz sowie die Energieeffizienz und die Luftdichtigkeit der Gebäudehülle gelten, sind dem Auftragnehmer bereits im Leistungsverzeichnis in Art und Umfang detailliert anzugeben und entsprechend in den Plänen zu kennzeichnen. Der Text wurde als Standardtext durch den HAH vorgegeben und sofern erforderlich an die Belange der jeweiligen ATV, in den er übernommen wurde, angepasst.

0.2.12 Anforderungen an den Brand-, Schall-, Wärme-, Feuchte- und Strahlenschutz, Energieeffizienz sowie an die Luftdichtheit der Gebäudehülle. Art und Umfang erforderlicher Maßnahmen.

Besondere Anforderungen an den Brand-, Schall-, Wärme-, Feuchte- und Strahlenschutz sowie an die Energieeffizienz und die Luftdichtigkeit der Gebäudehülle sind dem Auftragnehmer bereits im Leistungsverzeichnis in Art und Umfang detailliert anzugeben und entsprechend in den Plänen zu kennzeichnen. Hierbei ist insbesondere die Angabe von Brandabschnitten, Temperaturbereichen (z.B.: Diffusionsdichte Dämmung), Luftdichtigkeitsklassen/Druckzonen und des energetischen Standards erforderlich. Aus diesen Angaben lassen sich unterschiedliche Ausführungshinweise ableiten. So muss in einem Passivhaus in gesteigertem Maße auf die Luftdichtheit in allen Gebäudebereichen geachtet werden.

0.2.13 Anforderungen an die auf den Rohfußboden zu verlegenden Leitungen.

Für Leitungen, die auf dem Rohfußboden zu verlegen sind, müssen alle Angaben bezüglich Fußbodenaufbau und Trittschall dem Auftragnehmer zur Verfügung gestellt werden. Beispiel: Verlegung in der Ausgleichsschicht.

***0.2.14** Anforderungen an die Wärmedämmung der auf dem Rohfußboden verlegten Leitungen.*

Die Anforderungen an die Wärmedämmung der auf dem Rohfußboden verlegten Leitungen sind ausführlich zu beschreiben. Der Schutz vor unzulässiger Erwärmung/Auskühlung und vor Beschädigungen ist zu beachten.

***0.2.15** Besondere physikalische und chemische Beanspruchungen, denen Stoffe und Bauteile nach dem Einbau ausgesetzt sind.*

Der Auftraggeber hat den Auftragnehmer rechtzeitig auf besondere physikalische und chemische Beanspruchungen hinzuweisen, denen Stoffe und Bauteile nach dem Einbau ausgesetzt sind.

Beispiel: Aggressive Umgebungsbedingungen in Lagerräumen von Chemikalien, Abdichtungen mit Epoxidharz oder Verguss mit Estrichmörtel.

***0.2.16** Art und Umfang von Korrosionsschutzmaßnahmen (siehe Abschnitte 2.1 und 3.1.1) und Maßnahmen zur Vermeidung von Steinbildung (siehe Abschnitt 3.1.1).*

Die Art und der Umfang von Korrosionsschutzmaßnahmen wie auch zur Vermeidung von Steinbildung sind in Abhängigkeit von Wasserqualität und den eingesetzten Materialien sowie den geplanten Betriebstemperaturen festzusetzen und zu beschreiben.

***0.2.17** Ergebnisse der Wasseranalyse zur Beurteilung des korrosionschemischen Verhaltens nach DIN 50930-6 „Korrosion der Metalle – Korrosion metallischer Werkstoffe im Innern von Rohrleitungen, Behältern und Apparaten bei Korrosionsbelastung durch Wasser – Teil 6: Bewertungsverfahren und Anforderungen hinsichtlich der hygienischen Eignung in Kontakt mit Trinkwasser“ und DIN EN 12502 (alle Teile) „Korrosionsschutz metallischer Werkstoffe“.*

Sind nach Abgleich der Ergebnisse von Wasseranalyse und Rohwerkstoffen Maßnahmen zum Korrosionsschutz zu ergreifen, so sind diese ausführlich zu beschreiben und dem Auftragnehmer frühzeitig bekannt zu geben.

0.2.18 *Art, Maße, Umfang und Ausbildung der Wärmedämmung und Dämmung gegen Tauwasserbildung.*

Alle notwendigen Angaben zur Dämmung (z. B. Dämmschichtdicke, Wärmedurchgangskoeffizient, Diffusionsdichtigkeit, Brandverhalten) für den Wärme- und Feuchteschutz sind ausführlich zu beschreiben und dem Auftragnehmer zur Verfügung zu stellen.

0.2.19 *Art und Umfang von Provisorien, z. B. für vorübergehende Ver- und Entsorgung.*

Sind Provisorien erforderlich, z. B. für die vorübergehende Ver- und Entsorgung von Anlagen oder Anlagenteilen aus Fremd- oder Eigengewerken, Bestands- oder Nebengebäuden, so sind diese in Art, Umfang und Dauer dem Auftragnehmer bekanntzugeben.

0.2.20 *Vorgezogenes oder nachträgliches Herstellen von Teilen der Leistung. Zeitpunkte der – gegebenenfalls stufenweisen – Fertigstellung und Inbetriebnahme.*

Hintergrund dieses Hinweises für die Leistungsbeschreibung ist der kalkulatorische Mehrbedarf, der sich zum Beispiel durch mehrmaliges Verlegen des Arbeitsplatzes des Auftragnehmers (einschl. Material und Werkzeug) auf der Baustelle ergibt.

Sind Teilabnahmen oder abschnittsweise Inbetriebnahmen im Vorfeld geplant, so ist der Auftragnehmer darüber ausführlich zu informieren. Dies ist für die Planung der Arbeitsschritte im Bauablauf durch den Auftragnehmer unerlässlich. Auch ein nachträgliches Herstellen von Teilen der Leistung, die aufgrund der Bauplanung erforderlich sein können, ist dem Auftragnehmer zur Angebotskalkulation bekanntzugeben.

0.2.21 *Schnittstellen zu anderen Gewerken.*

Schnittstellen zu anderen Gewerken sind in Art und Umfang mit allen Leistungsdaten und Dimensionen detailliert anzugeben. Hierunter fallen insbesondere Zuleitungen und Abwasserleitungen für die Gewerke Lüftung und Heizung.

***0.2.22** Angaben zur Gebäudeautomation, z. B. Schnittstellen, Schnittstellendefinition.*

Der Auftragnehmer benötigt die Angaben, welche Daten in welcher Form an die Gebäudeautomation zu übermitteln sind. Beispiele hierfür sind Kommunikationsprotokolle (LON, BACnet, KNX, etc.), Leistungsdaten und Störmeldungen von Pumpen, Hebeanlagen, Zähleinrichtungen, Feuchtefühlern, Temperaturfühlern.

***0.2.23** Art und Umfang von Leistungen zur gewerkeübergreifenden Inbetriebnahme.*

Sind für die Inbetriebnahme von Anlagen/Anlagenteilen gewerkeübergreifende Abstimmungen nötig, so sind diese im Vorfeld ausführlich zu beschreiben und zu planen. Gängige Beispiele hierfür ist die Inbetriebnahme eines Heizkessels mit Trinkwassererwärmer. Hier müssen die Gewerke Heizung, Elektro, Regelungstechnik und Sanitär aufeinander abgestimmt tätig werden.

Der Trinkwasserspeicher wird vom Sanitärgewerk geliefert und montiert. Der Anschluss an das Heizungsnetz und die Regelungstechnik erfolgt durch das Heizungsunternehmen. Wenn die Inbetriebnahme bei beiden Gewerken unabgestimmt zu unterschiedlichen Zeiten erfolgt, besteht die Gefahr einer hygienisch bedenklichen Verkeimung der Trinkwasseranlage.

***0.2.24** Art und Umfang der bereit zu stellenden und zu übergebenden Unterlagen vor der Montage bzw. zur Bestandsdokumentation, z. B.:*

- *Funktions- und Strangschemata,*
- *Bestandspläne der errichteten Anlagen,*
- *Stückliste, enthaltend alle MESZ-, Steuerungs- und Regelgeräte (MSR),*
- *Stromlaufplan und gegebenenfalls Funktionsplan der Steuerung nach DIN EN 60848 „GRAFCET – Spezifikationssprache für Funktionspläne der Ablaufsteuerung",*
- *Funktionsbeschreibung unter Einbeziehung der Regelung mit Darstellung der Regelschemata,*
- *Protokolle über die im Rahmen der Einregulierungsarbeiten durchgeführten endgültigen Einstellungen und Messungen,*
- *Ersatzteillisten,*
- *Berechnung des Energiebedarfs,*

- *Berechnung der Netze und Einstellwerte,*
- *Diagramme und Kennlinienfelder,*
- *Informationslisten bei MSR-Anlagen in DDC-Technik (siehe Richtlinien der Reihe VDI 3814 „Gebäudeautomation (GA)“)[1].*

1) Autor: VDI – Gesellschaft Bauen und Gebäudetechnik, VDI-Platz 1, 40468 Düsseldorf, www.vdi.de. Zu beziehen durch: Beuth Verlag GmbH, 10772 Berlin, www.beuth.de.

Der Ausschreibende ist angehalten, Art und Umfang der vom Auftragnehmer zu übergebenden Unterlagen ausführlich zu beschreiben. Die Formulierung „zu erstellen und zu übergeben“ wurde gewählt, um deutlich zu machen, dass das Erstellen der Unterlagen durch den Auftragnehmer, auf Basis der vom Auftraggeber zu übergebenden Unterlagen nach Abschnitt 3.1.2, zu erfolgen hat. Werden Anschlüsse an bestehende Anlagen vorgesehen, können Bestandspläne auch die vom Auftraggeber beizustellenden Pläne der bereits vor Montagebeginn existierenden Anlagen betreffen.

Unabhängig von der hier gewählten Auflistung sind vom Auftragnehmer vor der Montage beispielsweise Montagepläne oder Werkstattzeichnungen gemäß Abschnitt 3.1.2 zu erstellen und soweit erforderlich mit dem Auftraggeber abzustimmen. Die spätestens bei der Abnahme vom Auftragnehmer mitzuliefernden Unterlagen sind in Abschnitt 3.7 beschrieben. Werden Bestandspläne oder Funktions- und Strangschemata benötigt, müssen diese separat ausgeschrieben werden; siehe hierzu Abschnitt 4.2.34.

Die gewählte Auflistung ist als beispielhaft zu verstehen und weder als vollständig anzusehen, noch in allen Punkten für ein einzelnes Bauvorhaben zutreffend.

Erst durch die ausdrückliche Erwähnung werden Besondere Leistungen zum Vertragsbestandteil.

0.2.25 Durchführung von Funktionsmessungen.

Sind durch den Auftraggeber besondere Verfahren zur Durchführung von Funktionsmessungen gefordert, so sind diese in Art und Umfang detailliert zu beschreiben. Als besondere Funktionsmessungen kommen z. B. Volumenstrom- und Temperaturmessungen der Zirkulationsleitungen zur Überprüfung des hydraulischen Abgleichs in Betracht.

0.2.26 *Art, Verfahren und Umfang vorzunehmender Druck- und Dichtheitsprüfungen für Rohrleitungen sowie Einzelheiten über auszubauende und wiedereinzubauende sowie abzudichtende Bauteile und Apparate.*

Die hier genannte Druckprüfung stellt im Trinkwasser- und Gasbereich den Oberbegriff dar. Ziele dieser Druckprüfung sind der Nachweis einer ausreichenden Belastbarkeit und der Nachweis der Dichtheit. Im Abwasserbereich hingegen können gemäß DIN 1986-30 auch andere Verfahren zum Nachweis der Dichtheit angewendet werden.

Beispiele für die Druckprüfung von Trinkwasser-Installationen ist die Prüfung mit Wasser oder Luft bzw. Inertgasen. Für die Gas-Installation die Prüfung mit Luft.

Die Dichtheitsprüfung von Abwasser-Installationen kann mit Wasser, Luft oder Kamerabefahrung durchgeführt werden.

Sind durch den Auftraggeber besondere Verfahren zur Durchführung vorgesehen, so sind dies Besondere Leistungen, die gesondert beschrieben werden müssen. Die Dichtheit und Festigkeit sind Teil der vertraglichen Leistung. Diese wird nach den Regeln der Technik geprüft und bestätigt.

Besondere Anforderungen zur Durchführung der Prüfungen sowie eine detaillierte Angabe, wie der Aus- und Einbau sowie die Abdichtung von Bauteilen und Apparaten zu erfolgen hat, sind vom Auftraggeber zu erstellen. Siehe hierzu auch Kapitel 3 und 4.

0.2.27 *Art, Verfahren und Umfang des Spülens von Rohrleitungen der Trinkwasser-Installation, insbesondere*

- *Länge und Nennweite der Kellerverteilleitungen,*
- *Anzahl und Nennweite der Steigleitungen,*
- *Anzahl der Geschosse,*
- *Anzahl der Entnahmestellen,*
- *Art der Entnahmestellen wie Aufputz- oder Unterputz-Armaturen, Unterputz-Spülkästen und dergleichen,*
- *Lage der Anschlussstelle für die Abwasserentsorgung.*

Das Spülen der Trinkwasser-Installation ist nach DIN EN 806-4 (Abs. 6.2, Ausgabe 6/2010) verpflichtend vorgeschrieben.

Der Auftraggeber hat dem Auftragnehmer genaue und umfassende Angaben zu machen, in welcher Art und in welchem Umfang die erforderlichen Spülverfahren auszuführen sind. Insbesondere die Verfahrensweise und die entsprechenden Anschlusspunkte für Zu- und Abwasser sind hierbei genau zu definieren.

Nach Abschnitt 4.2.25 handelt es sich beim Spülen von Trinkwasser-Installationen um eine Besondere Leistung.

Enthält die Leistungsbeschreibung keine Angaben zum Spülen der Trinkwasser-Installation, ist der Auftraggeber darauf hinzuweisen.

0.2.28 *Art, Verfahren und Umfang des Spülens von Entwässerungsleitungen oder Anlagenteilen nach Abschnitt 4.2.22 insbesondere*

- *Länge und Nennweite der zu spülenden Leitungen,*
- *Möglichkeiten der Ableitung des Spülwassers.*

Für das Spülen von Entwässerungsleitungen oder Anlagenteilen nach Abschnitt 4.2.22 sind ausführliche Angaben bezüglich der Nennweiten, der Haltungslängen, des Spülverfahrens und der Möglichkeit der Ableitung des Spülwassers zu machen. Ohne diese Angabe ist die Preisfindung für diese Position erschwert.

0.2.29 *Art, Verfahren und Umfang der Desinfektion von Rohrleitungen der Trinkwasser-Installation nach Abschnitt 4.2.27.*

Für das Desinfizieren von Rohrleitungen der Trinkwasser-Installation nach Abschnitt 4.2.27 sind genaue Angaben dazu zu machen, in welcher Art, in welchem Umfang und nach welchem Verfahren dies auszuführen ist. Es sind die Angaben nach DVGW Arbeitsblatt W556 zu beachten. Die Eignung des Verfahrens in Abhängigkeit von der Anlagengeometrie und den verwendeten Materialien ist vom Auftraggeber vor der Ausschreibung zu prüfen.

Die eingesetzten Stoffe müssen auf die Anlage abgestimmt und nach Trinkwasserverordnung geeignet sein. Zudem ist das Minimierungsgebot (wenn möglich Desinfektion und Zusatzstoffe vermeiden) zu beachten.

0.2.30 *Angebot eines Instandhaltungs- bzw. Wartungsvertrages.*

Ist das Angebot eines Instandhaltungs- bzw. Wartungsvertrages gewünscht, so ist dieser in Art und Umfang detailliert zu beschreiben.

Die Wartung von Anlagen ist nicht nur für die Aufrechterhaltung der technischen Funktionsfähigkeit, sondern auch hinsichtlich der Verjährungsfrist von Mängelansprüchen von wesentlicher Bedeutung. Die Verjährungsfrist für Mängelansprüche für Teile von maschinellen und elektrotechnischen/elektronischen Anlagen, bei denen die Wartung Einfluss auf Sicherheit und Funktionsfähigkeit hat, beträgt nach § 13 Abs. 4 Nr. 2 VOB/B 2 Jahre, wenn der Auftraggeber dem Auftragnehmer die Wartung für die Dauer der Verjährungsfrist nicht übertragen hat. Siehe hierzu auch Abschnitt 0.2.20 der DIN 18299.

***0.2.31** Art und Umfang der dem Auftragnehmer für die Beurteilung und Ausführung der Anlagen zu liefernden Planungsunterlagen und Berechnungen.*

Die Art und der Umfang der Unterlagen, die dem Auftragnehmer zur Verfügung gestellt werden müssen, richten sich nach Umfang und Komplexität der Baumaßnahme. Die Unterlagen müssen so beschaffen sein, dass es dem Auftragnehmer möglich ist, alle relevanten Leistungsteile im Vorfeld zu überblicken. Siehe hierzu auch § 3 (1) VOB/B und Abschnitt 3.1.2 letzter Absatz dieser ATV. Hier sind die wesentlichen zu liefernden Unterlagen aufgeführt.

***0.2.32** Anfall und Behandlung aggressiver und kontaminierter Medien.*

Fallen bei der Ausführung von Leistungen an bestehenden Anlagen aggressive und kontaminierte Medien an, so ist der Auftragnehmer bereits im Vorfeld darüber zu informieren, wie diese Medien beschaffen sind, wo sie sich in der Installation befinden und wie sie zu entsorgen sind. Als Beispiel können hier Demontagen in Laboren oder medizinischen Einrichtungen genannt werden.

Dies gilt auch für weitere Medien und Anlagenteile, von welchen ein besonderes Risiko hervorgeht. Im Umgang mit solchen Medien kann eine persönliche Schutzausrüstung erforderlich sein (PSA).

***0.2.33** Möglichkeiten zur Aufnahme von Kräften hängender Bauteile und Apparate.*

Der Auftragnehmer ist darüber zu informieren, welche Besonderheiten bei der Befestigung von Wand- oder deckenhängenden Bauteilen und Apparaten zu beachten sind. Sind besondere Vorkehrungen aus Gründen der Statik zu treffen, so sind diese dem Auftragnehmer anzugeben. Als Beispiel hierfür können Befestigungen an Trapezblechen oder Ständerwerken genannt werden.

0.2.34 *Art und Umfang von Zustandsprüfungen vorhandener Gas-, Wasser- und Entwässerungsleitungen sowie Anlagenteile.*

Sind vorhandene Leitungen und Anlagenteile auf ihren Zustand zu überprüfen, so ist der gewünschte Umfang detailliert zu beschreiben. Beispiel: Kamerabefahrung von Kanälen

0.2.35 *Art und Umfang der Kennzeichnung von Rohrleitungen.*

Es ist zu beschreiben, wie die Kennzeichnung von Rohrleitungen zu erfolgen hat (z. B. Aufkleber, gefräste Schilder). Etwaige Normen und Richtlinien sind zu beachten (z. B. DIN 2403, DIN EN 806-1 sowie DIN 1988-200 für Trinkwasser-Installationen).

0.2.36 *Lage der Anschlüsse für Armaturen und Abläufe, z. B. im Fliesenraster.*

Die Lage der Anschlüsse für Armaturen und Abläufe ist in den Plänen anzugeben. Wird eine Verlegung im Fliesenraster gewünscht, so sind alle notwendigen Maße detailliert anzugeben und ggf. die Vorgehensweise und die sich daraus ergebenden Arbeitsschritte ausführlich zu erläutern.

0.2.37 *Bauteilfertigung nach Ausführungsplan oder nach örtlichem Aufmaß.*

Wird eine Bauteilfertigung nach Ausführungsplan verlangt, so ist der entsprechende Ausführungsplan durch den Auftragnehmer zur Werkstattzeichnung fortzuschreiben (siehe 3.1.2). Soll die Bauteilfertigung nach örtlichem Aufmaß erfolgen, ist der Auftragnehmer hierüber in Kenntnis zu setzen. Besonderheiten, Anforderungen an Schall- und Brandschutz sowie Statik und Fixpunkte sind zu beschreiben.

0.2.38 *Art, Beschaffenheit und Festigkeit des Untergrundes, z. B. Stahl, Beton, verputztes oder unverputztes Mauerwerk, Holz. Vorgesehene Wand- und Bodenbeläge.*

Die Art, Beschaffenheit und Festigkeit des Untergrundes sind anzugeben, um dem Auftragnehmer die Möglichkeit zu geben, seine Auswahl des Befestigungsmaterials und der Konstruktion der Befestigung darauf abzustimmen. Bei zum

Zeitpunkt der Montage noch nicht vorhandenem Putz ist beispielsweise ein ausreichender Abstand zwischen Wand und Installation vorzusehen, um nach erfolgten Putzarbeiten den geplanten Wandabstand einhalten zu können.

0.2.39 *Anzahl, Art, Maße und Ausbildung von Abschlüssen und Anschlüssen an angrenzende Bauteile, z. B. luftdichte Anschlüsse.*

Anforderungen an die Luftdichtigkeit können sich aus der Art der Nutzung (z. B. Labor, Serverraum) oder der energetischen Qualität des Gebäudes (EnEV-Nachweis) ergeben.

Die Beschaffenheit von Abschlüssen und Anschlüssen an angrenzende Bauteile ist genau zu beschreiben. Besondere Anforderungen z. B. an die Luftdichtigkeit sowie die hierfür zu treffenden Maßnahmen sind anzugeben.

0.2.40 *Art, Lage, Maße und Ausbildung von Bewegungs-, Bauwerks- und Bauteilfugen.*

Um die mit dem Bauwerk verbundenen Installationen vor Schäden beispielsweise durch Längenausdehnung und Setzungen der Gebäudeteile zu schützen, ist es notwendig, dem Auftragnehmer die entsprechenden Angaben zu den Fugen (z. B. Lage und Ausmaß der zu erwartenden Bewegung) zukommen zu lassen. Nur bei genauer Kenntnis der relevanten Punkte können geeignete Vorkehrungen getroffen werden. Der Text wurde als Standardtext durch den HAH vorgegeben und sofern erforderlich an die Belange der jeweiligen ATV, in den er übernommen wurde, angepasst.

0.2.41 *Anzahl, Art, Lage und Maße von herzustellenden oder zu schließenden Aussparungen.*

Sind durch den Auftragnehmer Aussparungen und Durchführungen selbst herzustellen und/oder zu verschließen, so sind ihm dafür alle erforderlichen Angaben zur Verfügung zu stellen.

Hierbei ist neben der Angabe von Art, Lage und Maße, statischem Nachweis, Art der Ausführung (z. B. Bohren, Fräsen) insbesondere auch die Qualität hinsichtlich des herzustellenden Brand- und Schallschutzes sowie der Luftdichtigkeit anzugeben.

Die Leistungen sind nach ATV DIN 18330 „Maurerarbeiten“ auszuführen.

***0.2.42** Anzahl, Art, Lage, Maße und Massen von Installations- und Einbauteilen.*

Alle Installations- und Einbauteile sind in ihrer geforderten Beschaffenheit genau zu beschreiben. Beispiele hierfür sind:

- Anzahl der Steigleitungen (z. B. warm- oder kaltgehend) und -schächte
- Bauteile in Zwischendecken oder besonderen Räumen/Bereichen
- Maße und Massen der Bauteile für Einbringung und Transport auf der Baustelle

***0.2.43** Anzahl, Art und Lage von Probeentnahmestellen der Trinkwasserversorgung.*

Wenn beispielsweise nach Trinkwasserverordnung Probenahmestellen in der Trinkwasser-Installation gefordert sind, so sind diese vom Auftraggeber zu planen. Die genaue Ausführung, die Anordnung und die Position der jeweiligen Probenahmestelle sind dem Auftragnehmer anzuzeigen und in den Plänen anzugeben (siehe DIN 1988-200).

***0.2.44** Gestaltung und Einteilung von Flächen sowie Raster- und Fugenausbildung.*

Werden aufgrund der Flächengestaltung besondere Anforderungen an die Installationen gestellt, ist eine genaue Beschreibung der Fläche erforderlich. Gleiches gilt für besondere Anforderungen resultierend aus der Raster- und Fugenausbildung.

***0.2.45** Anzahl, Art, Lage, Maße und Beschaffenheit von geneigten, gebogenen oder andersartig geformten Flächen.*

Bei geometrischen Besonderheiten von Boden-, Wand- und Deckenflächen im Baukörper, die Auswirkungen auf die Position von Abläufen und Anschlüssen haben, sind besondere Hinweise an den Auftragnehmer notwendig, damit dieser seine Leistung kalkulieren kann. Bezugspunkte sind für die Ausführung gesondert anzugeben.

0.3 Einzelangaben bei Abweichungen von den ATV

Im Regelfall sind alle Anforderungen der jeweils geltenden ATV einzuhalten. Ergänzend gelten die Regelungen der ATV DIN 18299.

0.3.1 *Wenn andere als die in dieser ATV vorgesehenen Regelungen getroffen werden sollen, sind diese in der Leistungsbeschreibung eindeutig und im Einzelnen anzugeben.*

Von der ATV DIN 18381 abweichende Regelungen sind in der Leistungsbeschreibung detailliert und einzeln anzugeben. Dem Auftragnehmer muss kenntlich und verständlich gemacht werden, welche Abweichungen er für die Preisfindung zu beachten hat.

0.3.2 *Abweichende Regelungen können insbesondere in Betracht kommen bei*

Abschnitt 3.7, wenn die geforderten Unterlagen nicht in 3-facher Ausfertigung in Papierform und in deutscher Sprache geliefert werden sollen, sondern in größerer Stückzahl oder in anderer Form auszuhändigen sind, z. B. Zeichnungen unter Glas, auf Datenträger.

Das in Abschnitt 0.3.2 aufgeführte Beispiel zu Abschnitt 3.7 macht deutlich, dass diese Abweichungen durchaus möglich sind. Jedoch beschreibt der Punkt auch den notwendigen Detaillierungsgrad der Abweichung, damit der Auftragnehmer in die Lage versetzt wird, ein auskömmliches Angebot abgeben zu können.

0.4 Einzelangaben zu Nebenleistungen und Besonderen Leistungen

Keine ergänzende Regelung zur ATV DIN 18299, Abschnitt 0.4.

In der ATV 18381 werden keine ergänzenden Angaben gemacht. Hier gelten die Punkte 0.4.1 Nebenleistungen und 0.4.2 Besondere Leistungen aus der ATV DIN 18299. Diese lauten wie folgt:

0.4.1 Nebenleistungen (ATV DIN 18299)

Nebenleistungen (Abschnitt 4.1 aller ATV) sind in der Leistungsbeschreibung nur zu erwähnen, wenn sie ausnahmsweise selbständig vergütet werden sollen. Eine ausdrückliche Erwähnung ist geboten, wenn die Kosten der Nebenleistung von erheblicher Bedeutung für die Preisbildung sind; in diesen Fällen sind besondere Ordnungszahlen (Positionen) vorzusehen.

Dies kommt insbesondere für das Einrichten und Räumen der Baustelle in Betracht.

Alle Nebenleistungen nach Abschnitt 4.1, die abweichend von Kapitel 3 ausgeführt werden sollen, sind im Leistungsverzeichnis nach Art und Umfang zu beschreiben.

0.4.2 Besondere Leistungen (ATV DIN 18299)

Werden Besondere Leistungen (Abschnitt 4.2 aller ATV) verlangt, ist dies in der Leistungsbeschreibung vorzugeben; gegebenenfalls sind hierfür besondere Ordnungszahlen (Positionen) vorzusehen.

0.5 Abrechnungseinheiten

Im Leistungsverzeichnis sind die Abrechnungseinheiten wie folgt vorzusehen:

Die Inhalte des Kapitels 5 wurden für alle ATVen der VOB C formal aneinander angeglichen. Die neue Gliederung sieht vor, dass zunächst in Abschnitt 5.1 allgemeine Dinge zur Abrechnung beschrieben werden, in Abschnitt 5.2 werden die Maße und Mengen erfasst und Abschnitt 5.3 behandelt die bisher zumeist auf verschiedene Abschnitte verteilten Übermessungsregelungen.

Die folgenden Punkte beschreiben die für das Gewerk Sanitärtechnik üblichen Abrechnungseinheiten, welche sich als zweckmäßig erwiesen haben. Diese Abrechnungseinheiten sind im Leistungsverzeichnis für die Angabe der einzelnen Positionen zu verwenden.

0.5.1 *Längenmaß (m), getrennt nach Art und Maßen, für*

- *Tragschalen,*
- *Rohrleitungen,*
- *Befestigungsschienen,*
- *Entwässerungsrinnen einschließlich ihrer Abdeckung,*
- *Verfüllen von Fugen,*
- *Spülen von Rohrleitungen,*

- *Desinfizieren von Rohrleitungen,*
- *Druck-, Dictheits- und Zustandsprüfungen.*

Für alle oben aufgeführten Leistungsteile wird die Gesamtlänge unterteilt nach der jeweiligen Art und Dimension in Metern angegeben. Dies gilt auch für Fugenarbeiten sowie das Spülen von Rohrleitungen und das Durchführen von Druck- und Dichtigkeitsprüfungen.

0.5.2 *Anzahl (St), getrennt nach Art und Maßen, für*

- *Rohrbögen, Formstücke, Verbindungs- und Befestigungselemente einschließlich Schweiß-, Löt- und Dichtungsmaterial in Rohrleitungen,*
- *lösbare Verbindungselemente, z. B. Manschetten, Verschraubungen, Flanschverbindungen,*
- *Montageelemente und Rohrverlängerungen,*
- *Ausgleichs- und Verlängerungsstücke für Wandeinbauarmaturen,*
- *Rohrleitungsarmaturen, Sicherungs- und Sicherheitseinrichtungen, Mess- und Zählereinrichtungen sowie Bewegungsausgleicher und Isolierstücke,*
- *Anschlussschläuche,*
- *Anschlüsse an andere Rohrwerkstoffe, Anlagenteile und Geräte,*
- *zusätzliche Prüfungen der Schweiß- und Lötnähte, z. B. Ultraschallprüfungen,*
- *Passstücke bis zu einer Länge von 50 cm in Entwässerungsleitungen,*
- *Entwässerungsgegenstände, z. B. Bodenabläufe, Abwasserhebeanlagen, Abscheider, Entwässerungsrinnen,*
- *Schächte und Abdeckungen,*
- *Wand- und Deckendurchführungen mit besonderen Anforderungen,*
- *Einzelbefestigungen von Rohrleitungen,*
- *Widerlager, Rohrleitungsfestpunkte, Rohrlager mit Gleit- oder Rollenelementen, Tragschalen, Konsolen, Stützgerüste,*
- *Verteiler, Sammler,*
- *Anbohrungen,*
- *vorgefertigte Installationselemente oder Installationseinheiten, Traggerüste sowie andere Konstruktionen für Vorwand-Installationen,*
- *Sanitär-Einrichtungen, Armaturen, Gasgeräte, Pumpen, Regel- und Absperreinrichtungen, Revisionsrahmen sowie ähnliche Anlagenteile,*
- *Funktions-, Bezeichnungs- und Hinweisschilder,*

- *Bauteile für Schallschutzmaßnahmen, z. B. zur Körperschalldämmung,*
- *Bauteile für Brandschutzmaßnahmen,*
- *Spülen von Entnahmestellen,*
- *Desinfizieren von Entnahmestellen,*
- *besondere Druckprüfungen von Apparaturen und Armaturen.*

Der Großteil der Anlagenbauteile wie beispielsweise Fittings, Bauteile und Apparate werden in Stück nach ihrer Anzahl angegeben. Alle Nennweiten sind einzeln aufzuführen. Hierzu können der Massenauszug und die Ergebnisse der Rohrnetzberechnung herangezogen werden.

0.5.3 *Masse (kg, t), getrennt nach Art und Maßen, für besondere Befestigungskonstruktionen, z. B. Tragkonstruktionen, Festpunkte.*

Besondere Befestigungskonstruktionen, beispielsweise für Tragkonstruktionen und Fixpunkte werden nach ihrer Masse in kg oder Tonnen angegeben.

1 Geltungsbereich

1.1 Die ATV DIN 18381 „Gas-, Wasser- und Entwässerungsanlagen innerhalb von Gebäuden“ gilt für das Herstellen von Gas-, Wasser- und Entwässerungsanlagen innerhalb von Gebäuden und anderen Bauwerken.

Die vorliegende ATV DIN 18381 „Gas-, Wasser- und Entwässerungsanlagen innerhalb von Gebäuden“ bezieht sich auf die Erstellung von sanitären Ver- und Entsorgungssystemen innerhalb von Gebäuden. In diesem Zusammenhang bedeutet „innerhalb“ auch die Berücksichtigung von unmittelbar angrenzenden Leitungen und Bauteilen.

Beispiele: Im Schacht verlegte Verbindungsleitungen, Außenzapfstellen und Lüftungshauben gehören in den Bereich der ATV DIN 18381.

Die Ausführung von Außenbauteilen wie Fett- und Leichtflüssigkeitsabscheidern, Regenwasserrückhaltungen, Übergabeschächten und erdverlegte Verbindungsleitungen auf dem Grundstück gehören zum Umfang der ATV DIN 18306 bzw. der ATV DIN 18307.

Auch gehören die Abstimmung zwischen weiterführenden Gewerken und die Definition von Übergabepunkten und Schnittstellen mit allen Leistungs-, Termin- und Bezugsangaben mit zum Aufgabenfeld.

Den Schnittstellen der ATV DIN 18381 kommt aufgrund der hohen Verantwortung ihrer Gewerke an die Hygiene, den Explosions-, Brand- und Schallschutz sowie die Dichtigkeit von Anlagenbauteilen und die sichere und schadfreie Abführung von Abwasser eine besondere Verantwortung zu.

Als „andere Bauwerke" im Sinne der ATV DIN 18381 sind beispielsweise Tunnel, Kanäle und Schächte zu verstehen.

1.2 Die ATV DIN 18381 gilt nicht für

- Entwässerungskanalarbeiten (siehe ATV DIN 18306 „Entwässerungskanalarbeiten") sowie
- Druckrohrleitungsarbeiten außerhalb von Gebäuden (siehe ATV DIN 18307 „Druckrohrleitungsarbeiten außerhalb von Gebäuden").

Es sind alle Schnittstellen und Übergabepunkte durch den Auftraggeber zu definieren, zu planen und zu berücksichtigen.

1.3 Ergänzend gilt die ATV DIN 18299 „Allgemeine Regelungen für Bauarbeiten jeder Art", Abschnitte 1 bis 5. Bei Widersprüchen gehen die Regelungen der ATV DIN 18381 vor.

Grundlegend sind die Regelungen der ATV DIN 18299 „Allgemeine Regelungen für Bauarbeiten jeder Art" anzuwenden. Werden in dieser ATV abweichende Angaben zur ATV DIN 18299 gemacht, so gehen die Angaben der ATV DIN 18381 vor. Grund hierfür sind die Besonderheiten des Gewerkes, die nicht in den allgemeinen Regelungen für Bauarbeiten abgebildet werden können.

2 Stoffe, Bauteile

Ergänzend zur ATV DIN 18299, Abschnitt 2, gilt:

Abschnitt 2 der ATV DIN 18299 beschreibt die grundlegenden Eigenschaften von Stoffen und Bauteilen sowie deren Transport und Lagerung auf der Baustelle.

Der Umfang der in diesem Kapitel aufgeführten Normen und Richtlinien wurde im Zuge der Überarbeitung der Norm deutlich reduziert. Dies geschah vor dem Hintergrund, dass die entsprechenden Produktnormen im Rahmen der Planung ausgewählt und vorgegeben werden müssen. Da nicht davon ausgegangen werden kann, dass ein Planer bereits im Zuge der Komponentenauswahl alle Inhalte der ATV DIN 18381 einbezieht, wurden im Wesentlichen nur die für die

Errichtung der Anlagen relevanten Normen und Richtlinien in der ATV DIN 18381 belassen. Dies gilt auch für die ATVen DIN 18379 und DIN 18380.

2.1 Allgemeines

Sofern es der Verwendungszweck erfordert, müssen Stoffe und Bauteile korrosionsgeschützt sein.

Korrosion beschreibt einen elektrochemischen Vorgang in sog. Korrosionselementen, der von lokalen Unterschieden im Werkstoff, den Schutzschichten und den wasserchemischen Verhältnissen beeinflusst wird. Die Kombination von Bauteilen und Rohren aus unterschiedlichen Werkstoffen kann die Korrosionswahrscheinlichkeit einzelner Komponenten innerhalb einer Installation beeinflussen. Die Auswahl und Kombination der Materialien hat daher so zu erfolgen, dass die Anforderungen hinsichtlich des Korrosionsschutzes erfüllt werden. Entsprechende Angaben zur Korrosionswahrscheinlichkeit verschiedener Werkstoffe finden sich in DIN EN 12502 bzw. DIN 50930-6.

Durch Kontakt mit korrosionsfördernden Materialien wie z. B. Gips, einer Kondensation von Wasser auf Metalloberflächen (Taupunktunterschreitung), oder aber durch Reaktionen des Werkstoffes mit Wirkstoffen aus der Umgebung kann Außenkorrosion entstehen. Deshalb sind Rohrleitungen zu schützen. Dämmungen oder Umhüllungen von Rohrleitungen, Armaturen und Apparaten müssen den Anforderungen des Korrosionsschutzes genügen. Zugelassen sind beispielsweise Kunststoffummantelungen oder Polyethylen-Umhüllungen.

Bei Kunststoffrohren ist keine herkömmliche Korrosion bekannt. Die Kunststoffbauteile in der Installation sind dennoch vor Versprödung und vor beschleunigten Alterungsprozessen, zum Beispiel durch UV-Einstrahlung, großer Hitze oder chemischem Einfluss zu schützen.

Maschinelle Bauteile und Wärmeübertrager müssen mit Typ- und Leistungsschildern versehen sein. Beschilderungen an Bauteilen, z. B. Schilder, Skalen, Hinweise, müssen in deutscher Sprache und entsprechend dem „Gesetz über die Einheiten im Messwesen und die Zeitbestimmung (Einheiten- und Zeitgesetz – EinhZeitG)“ ausgeführt sein.

Laut der Europäische Maschinenrichtlinie (2006/42/EG), welche das Inverkehrbringen von Maschinen in der Europäischen Union regelt, müssen (nach Anhang 1, Abschnitt 1.7.3) auf Maschinen folgende Angaben erkennbar, deutlich lesbar und dauerhaft angebracht sein:

- Firmenname und vollständige Adresse des Herstellers und ggf. des Bevollmächtigten in der Europäischen Gemeinschaft
- Bezeichnung der Maschine
- CE-Kennzeichnung
- Baureihen- oder Typbezeichnung, ggf. Seriennummer
- wichtige technische Daten entsprechend den angewendeten Normen
- Baujahr, in dem der Herstellungsprozess abgeschlossen wurde.

Außerdem findet man auf Typen- und Leistungsschildern oft zusätzlich Daten, wie Produktions- und Leistungsdaten.

Mit dem Typenschild wird das Produkt oder die Maschine eindeutig identifiziert und kann einem Hersteller oder Importeur zugeordnet werden. Alle Produkte und Maschinen, die unter die Maschinenrichtlinie fallen, müssen über eine solche Kennzeichnung verfügen. Für das Typenschild selbst gibt es keine Forderung, dass es in einer bestimmten Sprache verfasst sein muss, wohl aber für alle schriftlichen Informationen (z. B. Schilder und Skalen) und Warnhinweise auf der Anlage (z. B. Strangbezeichnungen).

Eine Anbringung selbst erstellter Typen- und Leistungsschilder durch den Auftragnehmer an einem nicht selber hergestellten Produkt ist nicht zulässig.

Für die gebräuchlichsten Stoffe und Bauteile sind die DIN-Normen und weitere Anforderungen nachstehend aufgeführt

DIN 1986-4	Entwässerungsanlagen für Gebäude und Grundstücke – Teil 4: Verwendungsbereiche von Abwasserrohren und -formstücken verschiedener Werkstoffe
DIN 1986-100	Entwässerungsanlagen für Gebäude und Grundstücke – Teil 100: Bestimmungen in Verbindung mit DIN EN 752 und DIN EN 12056
DIN 1988-200	Technische Regeln für Trinkwasser-Installationen – Teil 200: Installation Typ A (geschlossenes System) – Planung, Bauteile, Apparate, Werkstoffe; Technische Regel des DVGW
DIN 1988-600	Technische Regeln für Trinkwasser-Installationen – Teil 600: Trinkwasser-Installationen in Verbindung mit Feuerlösch- und Brandschutzanlagen – Technische Regel des DVGW
DIN EN 12056-1	Schwerkraftentwässerungsanlagen innerhalb von Gebäuden – Teil 1: Allgemeines und Ausführungsanforderungen

DVGW-Arbeitsblatt G 600, DVGW-TRGI Technische Regeln für Gasinstallationen[1)]

DVFG-TRF 2012 Technische Regeln Flüssiggas[1)]

---

1 Autor: DVGW Deutscher Verein des Gas- und Wasserfaches e. V., Technisch wissenschaftlicher Verein, Josef-Wirmer-Str. 1–3, 53123 Bonn, www.dvgw.de. Zu beziehen durch: Wirtschafts- und Verlagsgesellschaft Gas und Wasser mbH, Josef-Wirmer-Str. 3, 53123 Bonn, www.wvgw.de.

Für den Bereich der Entwässerungsanlagen sind weiterhin die DIN-Normen der Reihe 1986 „Entwässerungsanlagen für Gebäude und Grundstücke“ maßgebend. Hier sind insbesondere der Teil 100 „Bestimmungen in Verbindung mit DIN EN 752 und DIN EN 12056“ und der Teil 4 „Verwendungsbereiche von Abwasserrohren und -formstücken verschiedener Werkstoffe“ zu nennen. Im Dezember 2016 erschien die aktualisierte Fassung der Norm DIN 1986-100. Die Überarbeitung der Norm war vor allem aufgrund von neuen Entwicklungen in der Entwässerungstechnik erforderlich. Bei der Anwendung der DIN 1986 sind weiterhin die Teile der DIN EN 12056 „Schwerkraftentwässerungsanlagen innerhalb von Gebäuden“ zu berücksichtigen.

Was die Trinkwassernormen betrifft musste die altbekannte DIN 1988 aufgrund einer vertraglichen Vereinbarung zwischen DIN und CEN im Jahre 1995, sechs Monate nach Fertigstellung des letzten Teils aus der Reihe EN 806 zurückgezogen werden. Da aber die 5 Teile der DIN EN 806 nicht in allen Punkten die für die deutschen Anwenderkreise erforderliche Normungstiefe erreicht haben, hat man von deutscher Seite die Möglichkeit wahrgenommen, sogenannte Restnormen zu verfassen. Es handelt sich hierbei um die Teile 100, 200, 300, 500 und 600, welche ebenfalls zur DIN 1988 gehören. Die jeweiligen Teile der DIN EN 806 sowie die Restnormen der DIN 1988 sind immer zusammen zu beachten. Eine Übersicht über die derzeit geltenden Normen wird in der nachfolgenden Tabelle 1 gegeben. Für die Belange des Auftragnehmers sind hier insbesondere die DIN EN 806 Teil 4 sowie die DIN 1988-200 zu benennen.

Tabelle 1: Übersicht der aktuellen Trinkwassernormung

Europäische Grundlagennormen			Nationale Ergänzungsnormen	
DIN EN 1717 Schutz des Trinkwassers		November 2000	DIN 1988-100 Schutz des Trinkwassers	August 2011
DIN EN 806	Teil 1 Allgemeines	Mai 2001		
	Teil 2 Planung	Juni 2005	DIN 1988-200 Planung	Mai 2012
	Teil 3 Berechnung	Juli 2006	DIN 1988-300 Berechnung	Mai 2012
	Teil 4 Installation	Juni 2010	–	
	Teil 5 Betrieb	April 2012	–	
			DIN 1988-500 Druckerhöhungsanlagen mit drehzahlgeregelten Pumpen	Okt. 2010
			DIN 1988-600 Feuerlösch- und Brandschutzanlagen	Dez. 2010

Für gasförmige Brennstoffe gelten hingegen die TRGI, die Verordnung über Allgemeine Bedingungen für den Netzanschluss und dessen Nutzung für die Gasversorgung in Niederdruck (Niederdruckanschlussverordnung – NDAV) sowie die Anschlussbedingungen der örtlichen Gasversorger. Eine Neuausgabe der Technischen Regel für Gasinstallationen (**TRGI**) wird als DVGW-Arbeitsblatt G 600 im **Herbst 2018** erscheinen. Hierin werden die Änderungen der bauaufsichtlichen Rahmenbedingungen berücksichtigt.

2.2 Mess-, Steuer- und Regeleinrichtungen, Gebäudeautomation

2.2.1 Elektrische Messgeräte müssen der Genauigkeitsklasse E-1,5 nach DIN EN 60051-1 „Direkt wirkende anzeigende elektrische Messgeräte und ihr Zubehör – Messgeräte mit Skalenanzeige – Teil 1: Definitionen und allgemeine Anforderungen für alle Teile dieser Norm“ entsprechen.

Für elektronische Messgeräte werden durch die europäische Norm DIN EN 60051-1 sogenannte Genauigkeitsklassen vorgegeben. Hierbei beschreibt die Klasse E-1,5 die Grenze des Grundfehlers für den Messbereichsendwert bzw. die Skalenlänge mit 1,5 %. Dies bedeutet, dass der durch das Messgerät hervorgerufene Messfehler von 1,5 % nicht überschritten werden darf.

2.2.2 Schaltschränke müssen mindestens der Schutzart IP 43 nach DIN EN 60529 (VDE 0470-1) „Schutzarten durch Gehäuse (IP-Code)“ entsprechen.

Elektrische Betriebsmittel (z.B. Betriebsgeräte) müssen nach DIN EN 60529 (VDE 0470-1) hinsichtlich ihrer Beanspruchung durch Fremdkörper und Wasser einer bestimmten Schutzart entsprechen. Die Schutzarten (der Gehäuse) werden in IP-Codes („Ingress Protection“ bzw. „Schutz gegen Eindringen“) unterteilt. Der IP-Code besteht aus zwei Ziffern. Die Schutzarten beziehen sich auf den Schutz gegen Berührung und das Eindringen von festen Fremdkörpern und Staub (gekennzeichnet durch die erste Kennziffer) sowie gegen schädliches Eindringen von Wasser (gekennzeichnet durch die zweite Kennziffer).

Die schwächste Schutzart ist hierbei IP00. In diesem Fall ist das elektrische Betriebsmittel weder gegen feste Fremdkörper noch gegen schädliches Eindringen von Wasser geschützt. Dem hingegen bedeutet die Schutzart „IPXX“, dass die Schutzart nicht definiert ist (keinem Test unterzogen). Ist die Schutzart der Komponente nicht angegeben, bedeutet dies, dass das elektrische Betriebsmittel gemäß IP20 geschützt ist.

Die einzelnen Ziffern und deren Bedeutung sind in den nachfolgenden Tabellen aufgelistet:

Tabelle 2: (IP-Code 1. Ziffer) Schutz gegen Fremdkörper und Berührung

Ziffer	Berührung	Fremdkörper
0	Kein Berührungsschutz	kein Schutz gegen feste Fremdkörper
1	Geschützt gegen großflächige Berührungen mit der Hand	Geschützt gegen feste Fremdkörper (größer als 50 mm)
2	Geschützt gegen Berührung mit den Fingern	Geschützt gegen feste Fremdkörper (größer als 12 mm)
3	Geschützt gegen Berührung mit Werkzeugen, Drähten o. ä. mit ∅ > 2,5 mm	Geschützt gegen feste Fremdkörper (größer als 2,5 mm)
4	Geschützt gegen Berührung mit Werkzeugen, Drähten o. ä. mit ∅ > 1 mm	Geschützt gegen feste Fremdkörper (größer als 1 mm)
5	gänzlicher Berührungsschutz	Geschützt gegen Staubablagerungen im Inneren (staubgeschützt)
6	gänzlicher Berührungsschutz	Geschützt gegen Eindringen von Staub (staubdicht)

Tabelle 3: Tabelle Y (IP-Code 2. Ziffer) Schutz gegen Wasser

Ziffer	Berührung
0	Kein Wasserschutz
1	Schutz gegen senkrecht fallende Wassertropfen
2	Schutz gegen schräg fallende Wassertropfen aus beliebigem Winkel bis zu 15° aus der Senkrechten
3	Schutz gegen schräg fallende Wassertropfen aus beliebigem Winkel bis zu 60° aus der Senkrechten
4	Schutz gegen Spritzwasser aus allen Richtungen
5	Schutz gegen Strahlwasser aus beliebigem Winkel
6	Schutz gegen starkes Strahlwasser (Düse) aus beliebigem Winkel
7	Schutz gegen Wassereindringung bei zeitweisem Eintauchen (30 Minuten)
8	Schutz gegen Wassereindringung bei dauerhaftem Untertauchen
9	Schutz gegen Wassereindringung bei starkem Druck (Hochdruck/ bzw. Dampfstrahlreinigung) aus jeder Richtung

2.2.3 Bei Verwendung von Bauteilen zur Anbindung an die Gebäudeautomation sind die Richtlinien der Reihe VDI 3813 und VDI 3814 „Gebäudeautomation (GA)“[2] zu beachten.

2) Autor: VDI – Gesellschaft Bauen und Gebäudetechnik, VDI-Platz 1, 40468 Düsseldorf, www.vdi.de. Zu beziehen durch: Beuth Verlag GmbH, 10772 Berlin, www.beuth.de.

VDI 3813 gilt für Anwendungen der Raumautomation im Bereich der TGA. Die Richtlinie VDI 3814 gilt hingegen für Einrichtungen, Software und Dienstleistungen zur automatischen Steuerung und Regelung, Überwachung, Optimierung und Bedienung sowie für das Management zum energieeffizienten und sicheren Betrieb der Technischen Gebäudeausrüstung (TGA). Die Gebäudeautomation (GA) ist eine Voraussetzung für ein umfassendes Gebäudemanagement.

Derzeit werden die Blätter beider Richtlinienreihen überarbeitet. Ziel ist es, die aus 2009 bzw. 2011 stammenden Regelwerke zusammenzuführen und grundsätzlich zu erneuern.

3 Ausführung

Ergänzend zur ATV DIN 18299, Abschnitt 3, gilt:

Das Kapitel 3 beschreibt die Pflichten des Auftragnehmers. Im Grundsatz handelt es sich um Nebenleistungen. Bei entsprechender Erwähnung in Kapitel 4.2 werden einzelnen Leistungen jedoch zu Besonderen Leistungen.

Soll von den Regelleistungen in Kapitel 3 abgewichen werden, ist dieses gesondert im Leistungsverzeichnis zu beschreiben. Sollten im Leistungsverzeichnis keine Hinweise zur Art der Ausführung gegeben werden, sind diese Leistungen nach den Vorgaben des Kapitels 3 zu kalkulieren und auszuführen. Daher ist Kapitel 3 gemeinsam mit dem Leistungsverzeichnis zu lesen. Sind Besondere Leistungen nach diesem Kapitel zu erbringen und sind diese nicht ausgeschrieben, sollte der Auftraggeber auf diesen Umstand hingewiesen werden.

Die Angaben nach Kapitel 0 sind neben der Kenntnis der Nebenleistungen Grundlage für die Inhalte der Leistungsbeschreibung. Fehlende oder fehlerhafte Angaben in Kapitel 0 können dazu führen, dass vor Ausführung Bedenken angemeldet werden sollten bzw. im Zuge der Ausführung Nachforderungen gestellt werden müssen.

3.1 Allgemeines

3.1.1 Die Bauteile von Gas-, Wasser- und Entwässerungsanlagen sind so aufeinander abzustimmen, dass die geforderte Leistung erbracht, die Betriebssicherheit gegeben und ein sparsamer und wirtschaftlicher Betrieb möglich ist. Hygienische Anforderungen müssen erfüllt und Korrosionsvorgänge sowie Steinbildung weitgehend eingeschränkt werden.

Entsprechend Absatz eins dieses Abschnittes ist der Auftragnehmer mitverantwortlich für das korrekte Zusammenspiel der einzelnen Komponenten und deren sparsamen und wirtschaftlichen Betrieb. Dies bedeutet im Umkehrschluss jedoch nicht, dass der Auftragnehmer Leistungen zu erbringen hat, die nicht ausgeschrieben oder in Kapitel 3 als Nebenleistungen benannt sind.

Sind für die Erbringung derartiger Leistungen Planungen erforderlich, sind diese durch den Auftraggeber zu erbringen. Eine Beauftragung der Planungsleistungen an den Auftragnehmer ist möglich, jedoch nicht Bestandteil der Vorgaben nach VOB.

Ein wirtschaftlicher und sparsamer Betrieb der Anlagen ist nur durch das Zusammenspiel von Planung und Ausführung möglich. Die Auswahl der Komponenten, deren fachlich korrekte Installation und das Einregulieren der Anlagen anhand der im Rahmen der Planung ermittelten Werte sind dafür die Grundlage. Fehlen benötigte Vorgaben aus der Planung, sollte der Auftragnehmer rechtzeitig Bedenken anmelden. Siehe hierzu auch Abschnitt 3.1.4.

> Die Berechnung des Abgleiches von Durchflussmengen ist eine eindeutige Planungsleistung, also nicht Bestandteil des VOB-Vertrages. Diese muss also der Planer mittels der technischen Daten, der vom Auftragnehmer in Abstimmung mit dem Auftraggeber tatsächlich ausgewählten Armaturen, Pumpen und Rohrleitungen durchführen. Das Einstellen der berechneten Einstellwerte, also die Umsetzung vor Ort, ist Aufgabe des Auftragnehmers. Näheres zur Ausführung ist im Kapitel 3.5.1 beschrieben.

Planung und Ausführung sind also gemeinschaftlich für die Anforderungen „Abstimmung der Bauteile“ bzw. „sparsamer Betrieb“ zuständig.

Fehlen die Daten für den hydraulischen Abgleich, sind seitens des Auftragnehmers im Rahmen der Prüfpflicht Bedenken anzumelden.

Noch vor den Themen Betriebssicherheit und wirtschaftlicher bzw. sparsamer Betrieb spielen im Sanitärbereich insbesondere Anforderungen an die Hygiene eine tragende Rolle. Allen voran steht hier die Trinkwasserverordnung. Diese regelt die Qualität von Wasser für den menschlichen Gebrauch (Trinkwasser).

Oberstes Ziel ist es dabei, die menschliche Gesundheit vor den nachteiligen Einflüssen, die sich aus der Verunreinigung von Wasser ergeben, das für den menschlichen Gebrauch bestimmt ist, durch Gewährleistung seiner Genusstauglichkeit und Reinheit zu schützen. So dürfen im Trinkwasser keine Krankheitserreger oder chemische Stoffe enthalten sein, die eine Schädigung der menschlichen Gesundheit besorgen lassen (§§ 4, 5, 6 TrinkwV).

Steinbildung und Korrosion beeinflussen die Lebensdauer einer Anlage. Die Verwendung von ungeeigneten Materialien kann die Lebensdauer einer Trinkwasser-Installation drastisch reduzieren. Schäden bis hin zum Totalausfall insbesondere von Trinkwassererwärmern und Pumpen können die Folge sein. Das Liefern einer Wasseranalyse zum Nachweis der Eignung der Werkstoffe ist nach Abschnitt 4.2.28 eine Besondere Leistung und damit Aufgabe des Ausführenden, wenn dies ausgeschrieben wurde. Die Entscheidung, ob und ggf. wie eine Wasseraufbereitung erfolgen soll, ist eine planerische Aufgabe. Es ist jedoch das Minimierungsgebot zu beachten.

Wasseranalysen zur Dokumentation der hygienischen Unbedenklichkeit sind ebenfalls Besondere Leistungen nach Abschnitt 4.2.28.

3.1.2 Der Auftragnehmer hat dem Auftraggeber vor Beginn der Montagearbeiten alle Angaben zu machen, die für den ungehinderten Einbau und ordnungsgemäßen Betrieb der Anlagen notwendig sind. Der Auftragnehmer hat nach den Planungsunterlagen und Berechnungen des Auftraggebers die für die Ausführung erforderliche Montage- und Werkstattplanung zu erbringen und, soweit erforderlich, mit dem Auftraggeber abzustimmen.

Dazu gehören insbesondere:

- Montagepläne,
- Werkstattzeichnungen,
- Stromlaufpläne,
- Fundamentpläne.

Der Auftragnehmer hat dem Auftraggeber rechtzeitig Angaben über die

- Massen der Einbauteile,
- Stromaufnahme und gegebenenfalls den Anlaufstrom der elektrischen Bauteile und
- sonstigen Erfordernisse für den Einbau

zu machen.

Zu den für die Ausführung nötigen, vom Auftraggeber zu übergebenden Unterlagen (siehe § 3 Abs. 1 VOB/B) gehören insbesondere:
- Ausführungspläne als Grundrisse, Funktions- und Strangschemata sowie Schnitte mit Dimensionsangaben,
- Anlagenkonzeption mit Regelschemata,
- Schlitz- und Durchbruchpläne,
- Berechnungen und jeweils zugehörige Rohrnetz- und Pumpenauslegungen und Auslegungen anderer Bauteile, der energetische Nachweis und die wesentlichen energiebezogenen Merkmale, die der Anlagenaufwandszahl zugrunde liegen,
- Leistungsdaten von Bauteilen der Anlage, insbesondere auch derjenigen Bauteile, welche durch andere Gewerke hergestellt werden, z.B. Trinkwassererwärmer,
- Angaben zum Schall-, Wärme- und Brandschutz.

3.1.2 beschreibt den notwendigen Informationsaustausch zwischen Auftragnehmer und Auftraggeber vor und während der Ausführung mit Ausnahme der Prüfpflichten, die in Kapitel 3.1.3 definiert sind.

Der Auftraggeber muss vor Beginn der Montage alle notwendigen Angaben machen, die der Auftragnehmer zur Erfüllung seiner Verpflichtungen benötigt. Dazu gehören zum Beispiel die Mitteilungen, zu welchem Zeitpunkt die Installationsarbeiten beginnen können bzw. unterbrochen werden müssen. Ebenso gehören auch Termininformationen zu den Leistungen beteiligter Gewerke dazu. Für das Erstellen der Montage- und Werkstattzeichnungen müssen rechtzeitig vor Beginn der Montagearbeiten insbesondere alle notwendigen Pläne und Berechnungen, beispielsweise auch die Ausführungspläne, übergeben werden.

Die **Ausführungspläne** sollen den Auftragnehmer in die Lage versetzen, seinen Verpflichtungen nachzukommen. Diese Pläne müssen auf dem aktuellen Stand (ggf. auf den Stand der Ausschreibungsergebnisse fortgeschrieben) und vollständig sein.

Aufgabe des Auftragnehmers ist es, Montagepläne und Werkstattzeichnungen, soweit sie für die Ausführung notwendig sind, zu erstellen und abzustimmen. Zu dieser Abstimmung gehören auch Stromlaufpläne und Fundamentpläne, ebenso Massen oder Stromaufnahme von Bauteilen. Dies ermöglicht dem Auftraggeber, die Arbeiten mit dritten Gewerken zu koordinieren und die anstehenden Tätigkeiten des Auftragnehmers zu überprüfen

Montagepläne sollen den Auftragnehmer und seine Mitarbeiter vor Ort in die Lage versetzen, die Montageleistung ordnungsgemäß durchzuführen. Für die Montagepläne werden die Ausführungspläne um die zur Montage erforderlichen Angaben ergänzt. Das kann in einfachen Fällen eine Übernahme der Ausführungspläne bedeuten. Je nach Schwierigkeitsgrad kann eine Weiterführung der Ausführungspläne bei zum Beispiel abweichender Leitungsführung, eine Kennzeichnung der Befestigungspunkte oder im Einzelfall auch eine Ansicht o.Ä. notwendig sein.

Werkstattzeichnungen werden bei vom Auftragnehmer selbst gefertigten Bauteilen benötigt. Diese dienen der Vorfertigung von Bauteilen außerhalb der Baustelle.

Die Mitwirkung bei der Erstellung von **Stromlaufplänen** ist vor allem für die Zusammenarbeit mit anderen Gewerken notwendig. In den meisten Fällen dürften Klemmenpläne ausreichen, die ggf. direkt aus den Herstellerunterlagen übernommen werden können. Gleiches gilt bei einfachen Regelungen und Verdrahtungen, wie sie zum Beispiel bei dezentralen Warmwasserbereitern werksseitig eingebaut sind. Außerdem sind bei Bedarf zu benennen:

- Art der Stromversorgung,
- Spannung,
- Anlaufstrom,
- Stromaufnahme im Regelbetrieb,
- Ort und Dimensionierung der Anschlussklemmen oder
- Anzahl und Beschaffenheit der Datenpunkte einschl. Lage.

Fundamentpläne werden für die örtliche Fertigung von Fundamentsockeln benötigt. Die bautechnische Ausführung, die Planung und das Liefern der Fundamentpläne sind nicht Bestandteil der Leistung des Auftragnehmers. Allerdings muss der Auftragnehmer die zur Erstellung der Fundamentpläne notwendigen Informationen, wie zum Beispiel Maße, Massen, Lasteinleitpunkte und Anforderungen an den Schall- und Schwingungsschutz liefern.

Bei Fragen zu Definition und Umfang der jeweiligen Pläne kann die Richtlinienreihe VDI 6026 herangezogen werden.

Es ist nicht Aufgabe des Auftragnehmers, veraltete Planungsstände zu aktualisieren oder Fundamentpläne zu liefern. Die Fortschreibung der Planung ist keine Leistung des Auftragnehmers nach dieser ATV. Die Erstellung von Revisionsplänen ist keine Regelleistung.

Die vom Auftraggeber zu liefernden Unterlagen sind dem Auftragnehmer nach VOB/B § 3 unentgeltlich zu überlassen.

Klar geregelt ist, dass zum Beispiel die Auslegung des Rohrnetzes, der Pumpen vom Auftraggeber zu liefern sind. Die teilweise anzutreffende Praxis, dass der Auftragnehmer allenfalls rudimentäre Planungsunterlagen erhält, die er in Eigenleistung komplettieren soll, ist daher nicht ohne weitergehende Beauftragung an den Auftragnehmer zulässig.

Gleiches gilt für Leistungsdaten von Bauteilen der Anlage, auch wenn diese durch andere Gewerke hergestellt worden sind. Im Falle eines Trinkwassererwärmers ist es notwendig, dem Nachbargewerk die benötigten Angaben zur Verfügung zu stellen.

> Beispiel: Wird der WW-Bereiter durch das Gewerk Heizung geliefert (Gewerk Heizung stellt den Speicher und die Komponenten auf, Gewerk Sanitär schließt an den Anschlusspunkten an), sind die Anschlussdaten für Kalt-, Warm- und Zirkulationsanschlüsse sowie die Wasserbeschaffenheit bekannt zu geben. Im Fall der Lieferung durch das Gewerk Sanitär (Gewerk Sanitär stellt den Speicher und die Komponenten auf, Gewerk Heizung schließt an den Anschlusspunkten an), sind der Heizungsseite die Daten für die Anschlüsse Vorlauf und Rücklauf sowie der Druckverlust und die Leistung anzugeben.
>
> Auch sind Gewerke bezogene Angaben zum Schall-, Wärme- und Brandschutz vom Auftraggeber zu liefern.

3.1.3 Der Auftragnehmer hat bei der Prüfung der vom Auftraggeber gelieferten Planungsunterlagen und Berechnungen (siehe § 3 Abs. 3 VOB/B) u.a. hinsichtlich der Beschaffenheit und Funktion der Anlagen insbesondere zu achten auf:

- die geeignete Bauart und ausreichenden Querschnitt der Abgas-, Zuluft- und Abluftanlagen, z.B. für die Verbrennungsluft oder den Verbrennungsluftverbund,
- die Sicherheitseinrichtungen,
- die Rohrleitungsquerschnitte, Pumpenauslegungen und Netzhydraulik,
- die Mess-, Steuer- und Regeleinrichtungen,
- den Schallschutz,
- den Wärmeschutz,
- den Brandschutz,
- die Luftdichtheit der Gebäudehülle.

In diesem Abschnitt werden Hinweise zur Prüfpflicht des Auftragnehmers gegeben. Dabei wird Bezug zu § 3 Abs. 3 VOB/B genommen. Dort wiederum ist konkretisiert, dass es Aufgabe des Auftragnehmers ist, die Unterlagen auf etwaige Unstimmigkeiten zu überprüfen und den Auftraggeber auf entdeckte oder vermutete Mängel hinzuweisen. Hiermit ist gemeint, dass es nicht Aufgabe des Auftragnehmers ist, die Planung vollumfänglich zu prüfen und die Berechnungen erneut durchzuführen. Vielmehr handelt es sich um eine Plausibilitätskontrolle, bei der die wesentlichen Planungsgrößen, beispielsweise anhand von Kennzahlen, zu überprüfen sind. Auch um dieser Prüfpflicht nachkommen zu können, benötigt der Auftragnehmer die unter Abschnitt 3.1.2 aufgelisteten Unterlagen.

Eine pauschale Auflistung dazu, welche Mängel der Auftragnehmer erkennen muss, kann nicht gegeben werden. Dies ist vielmehr vom Einzelfall abhängig. Die Verwendung eines fehlerhaften Gleichzeitigkeitsfaktors, der nur zu einer geringen Abweichung bei der Dimensionierung der Trinkwasser-Installation führt, kann der Auftragnehmer nicht oder nur schwer entdecken.

Oftmals liegt zwischen der Planung und der Abnahme der Anlagen eine erhebliche Zeitspanne. Daher ist es möglich, dass sich die normativen Grundlagen für die Planung und das Errichten des Systems verändert haben. Nach § 13 (1) VOB/B hat der Auftragnehmer eine Leistung, die zum Zeitpunkt der Abnahme frei von Sachmängeln ist, vorzustellen. Dieses ist der Fall, wenn die Anlage die vereinbarte Beschaffenheit hat und den anerkannten Regeln der Technik entspricht. Es ist also notwendig, die Planung auch auf die zu Grunde liegenden Normen und Richtlinien hin zu prüfen. Werden Abweichungen erkannt, ist der Auftraggeber entsprechend zu informieren. Das möglicherweise erforderliche Umbauen oder Nachrüsten von Anlagen ist dann, nach der entsprechenden Anpassung der Planung durch den Auftraggeber, eine Besondere Leistung.

Allgemein wird das Thema Luftdichtheit der Gebäudehülle, auf das im VOB-Text ausdrücklich referenziert wird, nur auf das jeweils eigene Gewerk bezogen verstanden. Die Luftdichtheit der Gebäudehülle ist zum Beispiel bei der Durchdringung mit einer Be- oder Entlüftungsleitung zu beachten.

Zusammengefasst wurde die Forderung, dass sowohl die geeignete Bauart als auch der ausreichende Querschnitt der Abgas-, Zuluft- und Abluftanlagen, z. B. für die Verbrennungsluft oder den Verbrennungsluftverbund, zu beachten sind. Gemeint sind im Zusammenhang mit dem genannten Beispiel und dem Gewerk Sanitär natürlich die Forderungen im Sinne der TRGI z. B. bei der Aufstellung eines Gasgerätes.

3.1.4 Als Bedenken nach § 4 Abs. 3 VOB/B können insbesondere in Betracht kommen:

- Unstimmigkeiten in den vom Auftraggeber gelieferten Planungsunterlagen und Berechnungen (siehe § 3 Abs. 3 VOB/B),
- erkennbar mangelhafte Ausführung, nicht rechtzeitige Fertigstellung oder Fehlen von Fundamenten, Schlitzen und Durchbrüchen,
- ungenügende Maßnahmen für den Schall-, Wärme- und Brandschutz,
- ungeeignete Bauart der Abgasanlagen und ungeeignetem Querschnitt der Abgasleitungen sowie der Zuluft- und Abluftschächte,
- unzureichende Anschlussleistung für Energieträger,
- nicht ausreichender Platz für die Bauteile bzw. für deren Transport zum Einbauort,
- unzureichende Voraussetzungen für die Aufnahme von Reaktionskräften,
- fehlende Bezugspunkte,
- ungeeignete Bedingungen, die sich aus der Witterung oder dem Raumklima ergeben (siehe Abschnitt 3.1.5),
- dem Auftragnehmer bekannt gewordene Änderungen von Voraussetzungen, die der Planung zugrunde gelegen haben.

Der einleitende Satz zu diesem Abschnitt wurde als Standardtext für alle ATVen durch den HAH vorgegeben. Dabei wurde auf den Begriff „Prüfung“ verzichtet, da in der Vergangenheit vereinzelt auch Analysen oder sonstige Leistungen aus diesem Begriff abgeleitet wurden, was jedoch nicht ohne eine besondere Beauftragung zutreffend ist.

Dieser auch als „Bedenkenkatalog“ bezeichnete Abschnitt erweitert und konkretisiert den Abschnitt 3.1.3. Bei den beispielhaft aufgeführten Punkten, die zur Anmeldung von Bedenken führen können, handelt es sich in der Praxis um regelmäßige Fehlerquellen. Hierbei wird der Bogen von der reinen Planung bis zur tatsächlichen Ausführung gespannt. Ausdrücklich einbezogen sind Vorarbeiten anderer Gewerke. Sind diese mangelhaft (das kann im Einzelfall schon durch eine bloße Planabweichung gegeben sein), müssen Bedenken angemeldet werden. Analog müssen Behinderungen, die zum Beispiel durch zeitlichen Verzug im Bauablauf entstehen können, angezeigt werden. Näheres hierzu ist in VOB/B § 6 geregelt.

Das Anmelden von Bedenken dient dazu, Mängel oder Schäden frühzeitig und damit kostengünstig zu vermeiden. Die Schriftform ist dringend angeraten, um bei eventuellen Meinungsverschiedenheiten den tatsächlichen Hergang nachweisen zu können.

Bedenken sollten immer dann angemeldet werden, wenn die eigenen Leistungen nicht rechtzeitig, nicht mangelfrei oder nicht zu den ausgeschriebenen Konditionen ausgeführt werden können. Gleiches gilt, wenn die Ziele nach Abschnitt 3.1.1 erkennbar nicht erreicht werden können.

Grundsätzlich sollten alle Bedenken unverzüglich und schriftlich angemeldet und dokumentiert werden. Die Beantwortung der Bedenken sollte ebenfalls schriftlich erfolgen. Dies gilt umso mehr, als dass es dem Auftraggeber natürlich freigestellt ist, trotz des erkannten Mangels in der Planung weiterhin wie vorgesehen ausführen zu lassen und entsprechend mögliche Folgeschäden zu riskieren. Die schriftliche Dokumentation dieses Vorgangs kann im Streitfall erheblich zur Klärung beitragen.

Die Liste an zu überprüfenden Punkten ist keinesfalls abschließend. Gleichzeitig sind die Ziele aus Abschnitt 3.1.1 zu beachten. Wenn aus der Planung erkennbar ist, dass diese Ziele nicht erreichbar sind, sollte dies ebenfalls zur Anmeldung von Bedenken führen. Es ist zu beachten, dass der reine Hinweis auf Mängel nicht vor einem Mitverschulden von eventueller Schäden Dritter befreit. Wenn der Auftragnehmer zum Beispiel sicherheitsrelevante Mängel erkennt, die zu Personenschäden führen können, und der Auftraggeber möchte dies trotzdem in der vorgegebenen Weise ausführen lassen, sollte der Auftragnehmer prüfen, die Ausführung zu verweigern. Auch hier ist eine Dokumentation dringend angeraten.

Analog dazu müssen Behinderungen angezeigt und dokumentiert werden. Behinderungen können beispielsweise durch einen zeitlichen Verzug im Bauablauf entstehen oder durch den Zustand der Baustelle, der ggf. einer auch nach Arbeitsstättenverordnung ordnungsgemäßen Durchführung der Arbeiten entgegensteht, zustande kommen. Näheres zu Behinderungen und Unterbrechungen der Ausführung ist in § 6 VOB/B geregelt.

3.1.5 Bei ungeeigneten Bedingungen, die sich aus der Witterung oder dem Raumklima ergeben, z.B. Temperaturen unter 5 °C bei Klebearbeiten von Kunststoffrohren, sind in Abstimmung mit dem Auftraggeber besondere Maßnahmen zu ergreifen. Sollten hierfür Leistungen erforderlich werden, sind diese Besondere Leistungen (siehe Abschnitt 4.2.38).

Für bestimmte Materialien oder Montagevorgänge kann es erforderlich sein, dass definierte Witterungs- oder Raumklimabedingungen vorherrschen.

3.1.5 gibt Hinweise für klimatische Randbedingungen. So sind bei Klebearbeiten, die hier beispielhaft genannt wurden, insbesondere die Temperaturen zu beachten und diesbezüglich die Vorgaben der Hersteller einzuhalten. Für den

Fall der Nichteinhaltung, zum Beispiel bei unbeheizten Baustellen im Winterbetrieb, sind notwendige Maßnahmen wie eine Baustellenbeheizung Besondere Leistungen. Diese sind mit dem Auftraggeber abzustimmen.

Es handelt sich bei diesem Abschnitt um eine Standardformulierung, die parallel für alle drei Gewerke – Heizung, Sanitär, Lüftung – in ähnlicher Form Verwendung findet. Die ungeeigneten Bedingungen werden nicht nur durch die Temperatur bestimmt. Wichtig ist, dass die im Rahmen der Ausschreibung genannten, ungeeigneten Bedingungen möglichst konkret beschrieben werden sollten, um den Auftragnehmer in die Lage zu versetzen, die notwendigen Besonderen Leistungen bewerten zu können.

3.1.6 Bleibt die Leitungsführung dem Auftragnehmer überlassen, hat dieser hierfür Ausführungspläne zu erstellen. Diese sind mit dem Auftraggeber vor Ausführung abzustimmen, damit die erforderlichen Fundament-, Schlitz-, Durchbruch- und Montagepläne erstellt werden können. Diese Leistungen sind Besondere Leistungen (siehe Abschnitt 4.2.1).

3.1.6 beschreibt den Fall, dass ein Teil der Planungsleistung – die Erstellung eines Ausführungsplans – ausnahmsweise dem Auftragnehmer überlassen wird. Hierbei handelt es sich um eine Besondere Leistung.

In diesem Fall schützt die Klarstellung in diesem Absatz den Auftragnehmer vor unberechtigten Forderungen. Es kann nicht erwartet werden, dass eine Planungsleistung als Nebenleistung nach VOB erbracht wird. Gleichzeitig wird auf die rechtzeitige Abstimmung mit dem Auftraggeber hingewiesen, damit die erforderlichen Fundament-, Schlitz-, Durchbruch- und Montagepläne erstellt werden können.

Der Auftragnehmer übernimmt mit dieser Planungsleistung auch eine zeitliche Verantwortung, damit weitere Planungsleistungen rechtzeitig erstellt werden können.

3.1.7 Bei Veränderungen, die vorhandene elektrische Schutzmaßnahmen an bestehenden Anlagen beeinträchtigen könnten, z. B. Einbau von Isolierstücken, hat der Auftragnehmer den Auftraggeber darauf hinzuweisen, dass durch einen zugelassenen Elektroinstallateur geprüft werden muss, ob durch die vorgesehenen Arbeiten die Schutzmaßnahmen beeinträchtigt werden.

3.1.7 beschreibt einen für die Sanierung typischen Fall. Durch den Einbau von nichtleitenden Materialien in einem Bestandsnetz aus zum Beispiel Kupfer oder Stahl wird der Potenzialausgleich unterbrochen. Damit besteht die Gefahr, dass sich in einem Schadensfall zwischen dem abgetrennten Rohrstück und zum Beispiel dem Gebäude oder anderen metallischen Rohrleitungen ein elektrisches Potenzial aufbaut. Dies kann zum Beispiel durch einen Schaden in einem elektrischen Gerät erfolgen. Während bei einem intakten Potenzialausgleich eventuelle elektrische Ströme sofort abfließen können und ggf. zum Auslösen der elektrischen Sicherung führen würden, kann bei unterbrochener Rohrleitung der Strom erst dann fließen, wenn das betroffene Rohrstück leitend mit dem Erdpotenzial verbunden wird. Erfolgt dies zum Beispiel durch Berührung eines Menschen, fließt der Strom über dessen Körper ab. Denkbar ist auch Funkenbildung bei Berührung mit anderen elektrischen Werkstoffen.

Die Meldung dieser Veränderung an den Schutzmaßnahmen durch den Auftragnehmer soll den Auftraggeber in die Lage versetzen, dieses Gefahrenpotenzial zu beseitigen.

3.1.8 Der Auftragnehmer hat die für die Ausführung erforderlichen Genehmigungen und Abnahmen zu veranlassen.

3.1.8 wurde neu aufgenommen. Es handelt sich um eine Klarstellung, dass die beschriebenen Genehmigungen und Abnahmen vom Auftragnehmer zu veranlassen sind. Die Veranlassung von Genehmigungen ist eine Nebenleistung. Die eigentliche Abnahme durch zum Beispiel einen Sachverständigen oder eine Behörde ist als Besondere Leistung zu werten und entsprechend zu vergüten. Näheres ist in 4.2.29 geregelt.

3.1.9 Stemm-, Fräs- und Bohrarbeiten am Bauwerk dürfen nur in Abstimmung mit dem Auftraggeber ausgeführt werden.

Stemm-, Fräs- und Bohrarbeiten dürfen nur ausgeführt werden, wenn sie den Vorgaben der Normenreihe DIN EN 1996 entsprechen und somit keine unzulässigen Auswirkungen auf die Statik des jeweiligen Bauteils haben. Im nationalen Anhang zu Blatt 1-1 dieser Norm werden mit Tabelle NA.19 die ohne Nachweis zulässigen Größen für vertikale Schlitze und Aussparungen im Mauerwerk vorgegeben, Tabelle NA.20 beschreibt die Abmaße für zulässige horizontale und schräge Schlitze.

Tabelle 4: DIN EN 1996-1-1:05-2012, Tabelle NA.19

1	2	3	4	5	6	7
	Nachträglich hergestellte Schlitze und Aussparungen[c]		**Mit der Errichtung des Mauerwerks hergestellte Schlitze und Aussparungen im gemauerten Verband**			
Wanddicke mm	**maximale Tiefe[a]** $t_{ch,v}$ mm	**maximale Breite[b] (Einzelschlitz)** mm	**Verbleibende Mindest wanddicke** mm	**maximale Breite[b]** mm	**Mindestabstand der Schlitze und Aussparungen**	
					von Öffnungen	**untereinander**
115 bis 149	10	100	---	---	≥ 2fache Schlitzbreite bzw. ≥ 240 mm	≥ Schlitzbreite
150 bis 174	20	100	---	---		
175 bis 199	30	100	115	260		
200 bis 239	30	125	115	300		
240 bis 299	30	150	115	385		
300 bis 364	30	200	175	385		
≥ 365	30	200	240	385		

a Schlitze, die bis maximal 1 m über den Fußboden reichen, dürfen bei Wanddicken ≥ 240 mm bis 80 mm Tiefe und 120 mm Breite ausgeführt werden.

b Die Gesamtbreite von Schlitzen nach Spalte 3 und Spalte 5 darf je 2 m Wandlänge die Maße in Spalte 5 nicht überschreiten. Bei geringeren Wandlängen als 2 m sind die Werte in Spalte 5 proportional zur Wandlänge zu verringern.

c Abstand der Schlitze und Aussparungen von Öfnungen ≥ 115 mm.

Tabelle 5: DIN EN 1996-1-1:05-2012, Tabelle NA.20

Wanddicke mm	**Maximale Schlitztiefe $t_{Ch,h}$** [a] mm	
	Unbeschränkte Länge	**Länge ≤ 1 250 mm** [b]
115–149	–	–
150–174	–	0[c]
175–239	0[c]	25
240–299	15[c]	25
300–364	20[c]	30
über 365	20[c]	30

a Horizontale und schräge Schlitze sind nur zulässig in einem Bereich ≤ 0,4 m ober- oder unterhalb der Rohdecke sowie jeweils an einer Wandseite. Sie sind nicht zulässig bei Langlochziegeln.

b Mindestabstand in Längsrichtung von Öffnungen ≥ 490 mm, vom nächsten Horizontalschlitz zweifache Schlitzlänge.

c Die Tiefe darf um 10 mm erhöht werden, wenn Werkzeuge verwendet werden, mit denen die Tiefe genau eingehalten werden kann. Bei Verwendung solcher Werkzeuge dürfen auch in Wänden ≥ 240 mm gegenüberliegende Schlitze mit jeweils 10 mm Tiefe ausgeführt werden.

Da auch die Anordnung der Schlitze wesentliche Auswirkungen auf das statische System der Bauteile haben kann, sind Stemm-, Fräs- und Bohrarbeiten vor Beginn der Arbeiten mit dem Aufraggeber abzustimmen. Dieser wird damit in die Lage versetzt, die statischen Nachweise für die Stemm-, Fräs- und Bohrarbeiten am Bauwerk zu erbringen und deren Ausführung freizugeben.

Zusätzlich können die „Praxistipps für die Ausführung von Mauerwerk“, herausgegeben vom Zentralverband des Deutschen Baugewerbes, Berlin, herangezogen werden.

3.1.10 Müssen auftretende Reaktionskräfte in das Bauwerk abgeleitet werden, sind die Kräfte vom Auftragnehmer zu ermitteln und dem Auftraggeber vor Ausführung der Leistung bekannt zu geben.

Reaktionskräfte in ein Bauwerk – also zum Beispiel Kräfte, die sich aus der temperaturbedingten Ausdehnung langer Leitungsführungen ergeben – müssen vom Auftragnehmer ermittelt werden. Der statische Nachweis für die ggf. aufnehmende Wand oder Decke in diesem Beispiel erfolgt durch den Auftraggeber.

Um diesem die Möglichkeit zu geben, den entsprechenden statischen Nachweis zu führen, muss die Bekanntgabe vor Ausführung erfolgen.

3.2 Anforderungen

3.2.1 Allgemeines

Für die Ausführung gelten die im Abschnitt 2 aufgeführten Technischen Regeln sowie:

3.2.1.1 Trinkwasser-Installationen

DIN 1988 (alle Teile)	Technische Regeln für Trinkwasser-Installation (TRWI)
DIN EN 806 (alle Teile)	Technische Regeln für Trinkwasser-Installationen
DIN EN 1717	Schutz des Trinkwassers vor Verunreinigungen in Trinkwasser-Installationen und allgemeine Anforderungen an Sicherheitseinrichtungen zu Verhütung von Trinkwasserverunreinigungen durch Rückfließen; Technische Regel des DVGW
DVGW W 551	Trinkwassererwärmungs- und Trinkwasserleitungsanlagen – Technische Maßnahmen zur Verminderung des Legionellenwachstums – Planung, Errichtung, Betrieb und Sanierung von Trinkwasser-Installationen[1)]

3.2.1.2 Entwässerungsanlagen

DIN 1986 (alle Teile)	Entwässerungsanlagen für Gebäude und Grundstücke
DIN EN 1610	Verlegung und Prüfung von Abwasserleitungen und -kanälen
DIN EN 12056 (alle Teile)	Schwerkraftentwässerungsanlagen innerhalb von Gebäuden

3.2.1.3 Anlagen zur Ver- und Entsorgung

TAB	Technische Anschlussbedingungen der örtlichen Ver- und Entsorgungsunternehmen.

1) Autor: DVGW Deutscher Verein des Gas- und Wasserfaches e. V., Technisch wissenschaftlicher Verein, Josef-Wirmer-Str. 1–3, 53123 Bonn, www.dvgw.de. Zu beziehen durch: Wirtschafts- und Verlagsgesellschaft Gas und Wasser mbH, Josef-Wirmer-Str. 3, 53123 Bonn, www.wvgw.de.

In Abschnitt 3.2.1 wurden augenfällige Veränderungen durch Weglassung im Vergleich zur alten Ausgabe vorgenommen. Die Anzahl der zitierten Normen wurde deutlich reduziert. Außerdem wurden die bisherigen Abschnitte „Gas-Installation" sowie „Anlagen zur Regenwassernutzung" ersatzlos gestrichen.

Hintergrund der Anpassung ist, dass nur noch Normen aufgeführt werden sollen, die einen Bezug zur Ausführung haben. Produktnormen könnten im Rahmen der Produktauswahl sinnvoll sein, werden aber im Rahmen der Ausschreibungstexte vorgegeben und sind damit im Rahmen der ATV DIN 18381 entbehrlich.

Die Nennung der vollständigen Reihen der DIN EN 806 sowie der DIN 1988 sollte nicht dahingehend missverstanden werden, dass diese mit allen Teilen vollständig der Ausführung zuzuordnen sind. Dennoch sollten die DIN EN 806, die DIN EN 1717 sowie die DIN 1988 immer als gemeinsames Normenpaket betrachtet werden und sind auch als solches anzuwenden.

Gleiches gilt im Bereich Entwässerungsanlagen für die Normen der DIN 1986 sowie der DIN EN 12056 und der DIN EN 1610.

Neu aufgenommen wurden die Technischen Anschlussbedingungen der örtlichen Ver- und Entsorgungsunternehmen, welche die Allgemeinen Geschäftsbedingungen individuell festlegen.

Die Aufzählung der Normen ist nicht abschließend.

3.2.2 Dämmung und Brandschutz

Teile der Anlage, die eine Ummantelung/Dämmung erhalten sollen, sind so zu installieren, dass diese Leistung ordnungsgemäß ausgeführt werden kann.

- **Achtung:** Gem. der in der ATV DIN 18421 zitierten Norm für Dämmarbeiten DIN 4140 „Dämmarbeiten an betriebstechnischen Anlagen in der Industrie und in der technischen Gebäudeausrüstung – Ausführung von Wärme- und Kältedämmung" muss für eine ordnungsgemäße Montage der Dämmung zwischen den Rohrleitungen so viel Platz sein, dass nach Montage der Dämmung ein Mindestabstand von 100 mm verbleibt. Häufig sind Schächte und Rohrtrassen nicht so dimensioniert, dass dieser Abstand eingehalten werden kann. Der Auftragnehmer sollte in diesem Fall vorsorglich Bedenken anmelden, weil damit zu rechnen ist, dass für die Dämmarbeiten eine Besondere Leistung für die erschwerte Montage durch das andere Gewerk geltend gemacht wird.

3.2.3 Schallschutz

Wenn Schallschutzmaßnahmen an der Anlage auszuführen sind, müssen sie den Anforderungen der DIN 4109 „Schallschutz im Hochbau; Anforderungen und Nachweise“ entsprechen.

DIN 4109 „Schallschutz im Hochbau – Teil 1: Mindestanforderungen“ – (Juli 2016) formuliert in der Einleitung:

> „Es kann nicht erwartet werden, dass Geräusche von außen oder aus benachbarten Räumen nicht mehr bzw. als nicht belästigend wahrgenommen werden, auch wenn die in dieser Norm festgelegten Anforderungen erfüllt werden. Daraus ergibt sich insbesondere die Notwendigkeit, gegenseitig Rücksicht zu nehmen.“

Laut DIN 4109-36 „Schallschutz im Hochbau – Teil 36: Daten für die rechnerischen Nachweise des Schallschutzes (Bauteilkatalog) – Gebäudetechnische Anlagen“ (Juli 2016) lässt sich der in schutzbedürftigen Räumen auftretende Schallpegel häufig nicht vorhersagen, weil die meist vorliegende Körperschallanregung der Bauteile zz. rechnerisch schwer erfassbar ist.

Aus diesen beiden Belegstellen lässt sich nicht die Handlungsanweisungen ableiten, den Schallschutz nicht zu beachten. Die Erwartungen an den Schallschutz müssen sich aber am technisch bzw. finanziell Machbaren orientieren.

Auch in diesem Abschnitt muss wieder klar zwischen Planung und Ausführung unterschieden werden. Schallschutz, egal auf welchem Niveau, wird in erster Linie durch eine entsprechende Planung erreicht. Fehlerhafte Grundrissgestaltung und Ähnliches lassen sich nachträglich nur schwer oder gar nicht durch die Ausführung beheben.

- Laut Fußnote Tabelle 9 in DIN 4109-1 müssen bereits für die die Erfüllung der Mindestanforderungen entsprechende Produkte geplant, eine verantwortliche Bauleitung benannt und Teilabnahmen erfolgen. Wenn dies nicht erfolgt, sollte der Auftragnehmer sorgfältig prüfen, ob eine schriftliche Bedenkenanmeldung beim Auftraggeber erforderlich ist. Der Auftragnehmer alleine kann das Ergebnis aufgrund des Zusammenwirkens verschiedener Gewerke nicht gewährleisten. Wichtig: Sobald über die DIN 4109 hinausgehende Anforderungen an den Schallschutz gestellt werden, ist schon im Rahmen der Planung und während der Ausführung aller Gewerke durch den Auftraggeber ein Sachverständiger für Akustik hinzuzuziehen.

Bezüglich der Überprüfung der vom Auftraggeber überreichten Planungsunterlagen nach 3.1.3 kann der Auftragnehmer nur auf die Randbedingungen nach DIN 4109-36 mit den entsprechenden Installationsbeispielen achten.

Die Art der Ausführung von Leistungen anderer Gewerke, welche Einfluss auf die Qualität des Schallschutzes haben können, sind nicht Inhalt dieser Überprüfung.

3.2.4 Anzeige, Erlaubnis, Genehmigung und Prüfung

Die für die behördlich vorgeschriebenen Anzeigen oder Anträge notwendigen zeichnerischen und sonstigen Unterlagen sowie Bescheinigungen sind entsprechend der für die Anzeige, Erlaubnis oder Genehmigungspflicht vorgeschriebenen Anzahl vom Auftragnehmer dem Auftraggeber zur Verfügung zu stellen. Dies gilt nicht, wenn die Prüfvorschriften für Anlagenteile eine dauerhafte Kennzeichnung statt einer Bescheinigung zulassen.

Der Abschnitt 3.2.4 bezieht sich auf den Fall, dass das abzunehmende Werk, zum Beispiel eine Feuerlöschanlage, der Anzeige-, Erlaubnis- oder Genehmigungspflicht unterliegt. Hier wird eine Mitwirkungspflicht des Auftragnehmers beschrieben, deren Umfang gemäß 0.2.24 definiert sein muss.

Nur mit den erforderlichen Unterlagen kann der Auftraggeber seinen oben beschriebenen Verpflichtungen nachkommen.

Bei Bauteilen, die ab Werk geprüft und dauerhaft gekennzeichnet sind, besteht die Verpflichtung in der Übergabe der werksseitig mitgelieferten Unterlagen. Als Beispiel kann hier der Wasserzähler dienen, der mit einer „Eichung" in Verkehr gebracht wird.

3.3 Mess-, Steuer- und Regeleinrichtungen, Gebäudeautomation

Die folgenden Abschnitte wurden in den ATV DIN 18379, 18380 und 18381 weitestgehend vereinheitlicht.

Sie regeln insbesondere die Zusammenarbeit unterschiedlicher Gewerke im Bereich Mess-, Steuer- und Regeleinrichtungen sowie im Gewerk Sanitär als auch im Bereich Gebäudeautomation. Diese Fälle werden regelmäßig dann auftreten, wenn die MSR-Technik separat ausgeschrieben ist. An den Schnittstellen zu ATV DIN 18379 (z. B. beim Anschluss eines Befeuchters) bzw. ATV DIN 18380 (z. B. bei Speicher- und Fühleranschluss) ist ebenfalls mit einer Schnittstellenproblematik zu rechnen, die nur durch genaue Beauftragung gelöst werden kann.

Bei der Ausschreibung der Materiallieferung bzw. -bereitstellung ist Sorgfalt notwendig. Eine entsprechende Dokumentation zur Montage beigestellter Materialien (Durchflussrichtung, Einbauvorschrift und -ort etc.) ist vertragliche Nebenpflicht des Liefernden.

3.3.1 Stellglieder der Regelstrecken von funktional eigenständigen Einrichtungen, welche in Anlagen eingebaut werden, die nicht zur vertraglichen Leistung gehören, sind vom Auftragnehmer mit dem Verantwortlichen für die betreffende Anlage abzustimmen.

Die folgenden Absätze wurden bis auf eine abweichende Überschrift in den ATV DIN 18379, 18380 und 18381 vereinheitlicht.

Sie regeln insbesondere die Zusammenarbeit unterschiedlicher Gewerke im Bereich Mess-, Steuer- und Regeleinrichtungen. An den Schnittstellen zu ATV DIN 18380 (zum Beispiel beim Anschluss eines Nacherhitzers) bzw. ATV DIN 18381 (zum Beispiel bei Anschluss einer Wasseraufbereitungsanlage) ist ebenfalls mit einer Schnittstellenproblematik zu rechnen, die nur durch genaue Beauftragung gelöst werden kann, bei dessen Beistellung ist Sorgfalt notwendig. Eine entsprechende Dokumentation zur Montage beigestellter Materialien (Durchflussrichtung, Einbauvorschrift und -ort, ...) ist vertragliche Nebenleistung des Auftragnehmers.

Während in VOB 2012 noch ein „Bemessen, Liefern und Abstimmen“ vorgesehen war, wird mit der vorliegenden Textfassung nur noch das „Abstimmen“ gefordert. Die Bemessung der Komponenten ist eine eindeutige Planungsleistung und daher bereits in der Planungsphase zu erbringen. Andernfalls wäre das Ausschreiben dieser Komponenten aufgrund fehlender Daten nicht möglich. Von großer Bedeutung ist es, dass die Sensoren und Aktoren aufeinander abgestimmt sind und auch zu dem geplanten MSR-System passen.

Die Abstimmung mit dem jeweils anderen Gewerk ist erforderlich, um eine einwandfreie Funktion der Komponenten sicherzustellen. Dabei ist auf die korrekte Anordnung im Rohrleitungsnetz zu achten. Weiterhin müssen die zur Montage im Rohrnetz und zum elektrischen Anschluss benötigten Informationen weitergegeben werden.

Von besonderer Bedeutung ist die klare Abgrenzung der Schnittstellen zwischen den einzelnen Gewerken. Die Leistungen des Auftragnehmers sowie der angrenzenden Gewerke Sanitär-, Heizungs- und Elektrotechnik müssen eindeutig beschrieben sein, um Diskussionen während des Bauablaufes hierzu zu vermeiden. Siehe hierzu Abschnitt 0.2.2.

3.3.2 Messwertgeber sind an dafür geeigneten Stellen so einzubauen, dass der Messwert richtig erfasst wird.

Der Einbauort ist so zu wählen, dass die zulässigen Bedingungen (z.B. Einlaufstrecke, Einstecktiefe) an dem Messwertgeber eingehalten werden und der aufzunehmende Messwert nicht verfälscht wird.

3.3.3 Anzeigegeräte müssen gut ablesbar, zu betätigende Geräte leicht zugänglich und bedienbar sein.

Im Zuge der Installationsarbeiten ist darauf zu achten, dass die zur Überwachung und Bedienung der Anlage vorgesehenen Instrumente und Stelleinrichtungen jederzeit gut erreichbar sind bzw. abgelesen und bedient werden können.

3.3.4 Der Auftragnehmer hat bei der Prüfung und Inbetriebnahme der von ihm vorgenommenen elektrischen Verkabelung sowie der von ihm erstellten Steuer- und Regelanlage eine mit Anlagen dieser Art vertraute Fachkraft zur Verfügung zu stellen.

Gehört die elektrische Verkabelung oder die Steuer- und Regeltechnik nicht zu den vertraglichen Leistungen, so ist das Abstellen einer Fachkraft während der Prüfung oder der Inbetriebnahme eine Besondere Leistung (siehe Abschnitt 4.2.16).

Die Mitwirkung bei der Prüfung und Inbetriebnahme der MSR-Technik wird zu einer Besonderen Leistung, wenn die elektrische Verkabelung oder die MSR-Technik nicht zur vertraglichen Leistung des Auftragnehmers gehören. Die Inbetriebnahme bei einschl. Regelungstechnik vollständig beauftragter Sanitäranlage ist hingegen eine Nebenleistung.

3.4 Druckprüfung

3.4.1 Der Auftragnehmer hat die Anlage nach dem Einbau und vor dem Schließen der Mauerschlitze und Wand- und Deckendurchbrüche sowie gegebenenfalls vor dem Aufbringen des Estrichs oder einer anderen Überdeckung einer Druckprüfung zu unterziehen.

Die Druckprüfung dient der Qualitätssicherung. Sie hat vor dem Schließen von Wand- und Deckendurchbrüchen, dem Aufbringen des Estrichs sowie der Überdeckung und dem Auftragen von Beschichtungen und Isolierungen zu erfolgen.

Ziel ist der Nachweis einer ausreichenden Belastbarkeit und der Dichtheit der erstellten Anlage und der verwendeten Bauteile.

Die Prüfung der Trinkwasser-Installation kann sowohl mit Wasser als auch mit Luft oder Inertgasen erfolgen, wobei die pneumatische Druckprüfung jedoch aus hygienischen Gründen empfohlen wird. Eine Druckprüfung mit Wasser muss mit Trinkwasser erfolgen. Diese ist nur zulässig, wenn der Wasseraustausch spätestens 72 Stunden nach der Druckprüfung beginnt (bestimmungsgemäßer Betrieb).

Bei der Druckprüfung handelt es sich um eine Nebenleistung.

- **Achtung:** Gem. 4.2.24 in Verbindung mit 4.1.9 kann sich ein Anspruch für den Auftragnehmer ergeben, wenn zusätzliche Druckprüfungen angeordnet werden, die den kontinuierlichen Arbeitsfluss unterbrechen.

3.4.2 Die Druckprüfung ist entsprechend den geltenden Regelwerken in Abhängigkeit von der Anlagenart und der Werkstoffe der zu prüfenden Rohrleitungen und Anlagenteile durchzuführen.

Für die Druckprüfung von sanitärtechnischen Anlagen sind die jeweils entsprechenden Normen und Regelwerke zu beachten.

Für den Bereich der Trinkwasser-Installation gilt zunächst die DIN EN 806-4, in der aufgrund unterschiedlicher Werkstoffeigenschaften verschiedene Verfahren bei der Druckprüfung mit Wasser vorgegeben sind. Ebenso wird das Verfahren mit Luft beschrieben. Da jedoch die EN 806 sehr allgemeingültig ist und die dort beschriebenen Verfahren für den deutschen Anwenderkreis nur schwer umzusetzen sind, haben sowohl der BTGA als auch der ZVSHK mit namhaften Herstellern entsprechende Umsetzungshilfen (BTGA-Regel 5.001 bzw. ZVSHK-Merkblatt „Dichtheitsprüfungen“) veröffentlicht.

Für die Druckprüfung von Gas-Installationen sind die Vorgaben der TRGI zu beachten.

3.4.3 Über die Druckprüfungen sind Protokolle zu erstellen. Aus ihnen müssen hervorgehen:

- Datum der Prüfung,
- Anlagendaten wie Aufstellungsort, Betriebsmedium,
- Prüfdruck und Prüfmedium,

- Dauer der Belastung mit dem Prüfdruck,
- Bestätigung, dass die Anlage dicht ist und an keinem Bauteil eine bleibende Formänderung aufgetreten ist.

Die Ergebnisse der Druckprüfung sind in einem Druckprobenprotokoll zu dokumentieren. Das Protokoll dient dem Auftragnehmer als Nachweis, dass er seine vertragliche Leistung erfüllt hat.

Entsprechende Druckprobenprotokolle sind über die unter 3.4.2 genannten Umsetzungshilfen erhältlich.

3.5 Einstellen der Anlage

3.5.1 Der Auftragnehmer hat die Anlagenteile so einzustellen, dass die geplanten Funktionen und Leistungen erbracht und die gesetzlichen Bestimmungen erfüllt werden. Der Abgleich von Durchflussmengen, z.B. hydraulischer Abgleich bei Trinkwasserzirkulationssystemen, ist mit den rechnerisch ermittelten Einstellwerten so vorzunehmen, dass ein bestimmungsgemäßer Betrieb sichergestellt ist.

Dieser Abschnitt beschreibt die Verpflichtung des Auftragnehmers, die von ihm verbauten Anlagenteile auch entsprechend den Planungsdaten einzustellen. Konkret benannt wird hier der Abgleich von Durchflussmengen (z.B. hydraulischer Abgleich bei Trinkwasserzirkulationssystemen oder Einstellung des Verbrühungsschutzes).

3.5.2 Das Bedienungs- und Wartungspersonal für die Anlage ist durch den Auftragnehmer einmal einzuweisen.

Da die Einweisung insbesondere von komplexen Anlagen aus Sicht des Auftraggebers zwingende Voraussetzung für einen sparsamen, hygienischen einwandfreien, sicheren und störungsfreien Betrieb ist, muss sie bis zur Abnahme, also der Übergabe an den Auftraggeber, erfolgen. Der Auftraggeber hat die einzuweisende Person rechtzeitig zu benennen. Eine nicht erfolgte Einweisung kann die Verweigerung der Abnahme zur Folge haben. Die Einweisung erfolgt einmal, ansonsten handelt es sich um eine Besondere Leistung (s. 4.2.30).

- ▸ Um Konflikte zu vermeiden, sollte mit dem Auftraggeber rechtzeitig und schriftlich geklärt werden, welche Personen zu welchem Zeitpunkt eingewiesen werden sollen. Die Einweisung muss nach Abschnitt 3.7 protokolliert werden.

Es ist nicht Aufgabe des Auftragnehmers, unqualifiziertes Personal des Auftraggebers fortzubilden. Je nach Umfang der Anlage können zu einer Einweisung folgende Punkte beispielhaft gehören:

- Aufbau und Funktion der Anlage
- Sicherheitshinweise zum Umgang mit der Anlage
- Vorgehensweise zur Inbetriebsetzung und zur Außerbetriebnahme
- Lage und Betätigung von Absperr- und Regelorganen
- Grundsätzliche Bedienung der Anlage
- Verhalten im Störungsfall
- Verhalten im Schadensfall
- Instandhaltung von Bauteilen
- Wasserbeschaffenheit, Wasseraufbereitungssystem
- Ansprechpartner bei Fragen zur Gewährleistung

3.6 Abnahme

Es ist zur Abnahme eine Vollständigkeits- und Funktionsprüfung durchzuführen, eine Funktionsmessung jedoch nur nach besonderer Vereinbarung.

Grundsätzlich wird hier sowohl für die Vollständigkeits- als auch die Funktionsprüfung keine besondere Form vorgegeben. Funktionsmessungen werden ausdrücklich nicht gefordert. Die offensichtliche Funktionsfähigkeit der Anlage reicht hier aus. Ansonsten sind Funktionsmessungen als Besondere Leistungen (s. 4.2.31) auszuschreiben.

3.6.1 Vollständigkeitsprüfung

Die Vollständigkeitsprüfung besteht aus folgenden Einzelprüfungen:

- Vergleich der Lieferung mit der Leistungsbeschreibung sowohl hinsichtlich des Umfanges als auch der Stoffe und gegebenenfalls der Eigenschaften und Ersatzteile,
- Prüfung auf Einhaltung technischer und behördlicher Vorschriften,
- Prüfung, ob alle für das Betreiben der Anlage notwendigen Unterlagen vorhanden sind.

Die Vollständigkeitsprüfung liefert den Nachweis, dass alle geforderten Leistungen erbracht wurden. Dazu gehören ausdrücklich auch alle notwendigen Unterlagen, also zum Beispiel Anleitungen, Bescheinigungen und Dokumentationen.

Sie gibt dem Auftragnehmer aber auch eine letzte Möglichkeit, alle verbauten Materialien zu erfassen und vollständig abzurechnen.

3.6.2 Funktionsprüfung

Die Funktionsprüfung der Gesamtanlage ist im Rahmen der Inbetriebnahme durchzuführen. Sie umfasst nach den Erfordernissen des Einzelfalls:

- die Sicherheits- und Schutzeinrichtungen,
- die Hygieneanforderungen,
- die Regel- und Schalteinrichtungen.

Dieser Abschnitt beschreibt den Umfang der Funktionsprüfung, gibt aber dennoch einen ausgewogenen Rahmen für den notwendigen Aufwand.

Mit der Funktionsprüfung soll nachgewiesen werden, dass die Anlage betriebsfähig ist und die Funktion den vertraglichen Vereinbarungen entspricht. Dabei wird geprüft, ob die Bauteile der Anlage wie z.B. Hebeanlagen, Pumpen, Filter, Zähler, Sicherungseinrichtungen ordnungsgemäß eingebaut und wirksam sind. Ebenso soll überprüft werden, ob die Hygieneanforderungen (wie z.B. vorgegebene Temperaturen, Durchfluss, chemische und mikrobielle Grenzwerte nach TrinkwV) eingehalten werden.

Vor der Funktionsprüfung empfiehlt es sich, einen Probebetrieb der Gesamtanlage durchzuführen, auch wenn dieser in der ATV DIN 18381 nicht explizit gefordert wird.

3.7 Mitzuliefernde Unterlagen

Der Auftragnehmer hat folgende Unterlagen aufzustellen und dem Auftraggeber spätestens bei der Abnahme nach folgender Sortierung zu übergeben:

- elektrische Übersichtsschaltpläne und Anschlusspläne nach DIN EN 61082-1 (VDE 0040-1) „Dokumente der Elektrotechnik – Teil 1: Regeln“,
- Zusammenstellungen der wichtigsten technischen Daten,
- Kopien der vorgeschriebenen Prüf- und Herstellerbescheinigungen, Verwendbarkeitsnachweise, Fachunternehmererklärungen,
- alle für einen sicheren und wirtschaftlichen Betrieb erforderlichen Bedienungs- und Wartungsanleitungen,
- Protokolle über die Druck- und Dichtheitsprüfung von Trinkwasser- und Gasleitungen,

- Protokoll über die Einweisung des Wartungs- und Bedienungspersonals,
- Protokoll über die Abgasmessung.

Die Unterlagen sind dem Auftraggeber in Papierform, 3-fach, in deutscher Sprache, auszuhändigen. Begriffe, Abkürzungen, Kurzzeichen, etc. dürfen entsprechend den normativen Regelwerken verwendet werden.

In diesem Abschnitt wird der Umfang der spätestens zur Abnahme mitzuliefernden Unterlagen definiert. Abweichend von der alten Regelung in VOB 2012 wurde eine soweit als möglich einheitliche Regelung für die ATV DIN 18379, ATV DIN 18380 und ATV DIN 18381 getroffen. Entsprechend dem Stand der Technik sind die „pausfähigen Unterlagen" als Variante entfallen. Ergänzt wurde, dass die Unterlagen in deutscher Sprache vorzulegen sind. Werden Symbole oder Kurzzeichen entsprechend den normativen Vorgaben auf Grundlage der englischen Sprache verwendet, so ist dies zulässig. Produktbeschreibungen und Bedienungsanleitungen von Komponenten, die in Europa frei gehandelt werden dürfen, müssen dem Produkt in der jeweiligen Landessprache beigelegt werden und können so an den Auftraggeber weitergeleitet werden. Die auf die errichtete sanitärtechnische Anlage bezogene Wartungs- und Bedienungsanleitung wird individuell erstellt und kann somit ebenfalls in deutscher Sprache beigestellt werden.

Die geforderte Sortierung vereinfacht für den Auftraggeber die spätere Bewirtschaftung der Liegenschaft. Der genaue Umfang der jeweiligen Einzelpunkte ist bereits in der Ausschreibung zu fixieren und im Einzelfall zu klären. Bei kleinen Gebäuden mit einfachen Anlagenschemata wird häufig eine nach obiger Sortierung geordnete Zusammenstellung der Herstellerunterlagen ausreichend sein. Bei größeren und umfangreicheren Anlagen ist es notwendig, dass der Auftragnehmer eine eigene, auf die jeweilige Gesamtanlage zugeschnittene Anleitung erstellt.

Werden die Unterlagen in einer anderen als der beschriebenen Form gewünscht, ist dies eine Besondere Leistung. Werden die Unterlagen auf Datenträger gewünscht, was dem Stand der Technik entspricht, so ist aufgrund der vielfältigen möglichen Datenformate oder der Art der Datenträger eine Ausschreibung mit Benennung des jeweils gewünschten Formates erforderlich.

4 Nebenleistungen, Besondere Leistungen

In Abschnitt 4 werden Leistungen beschrieben, die in der Regel für ein vollständiges, funktionierendes Gewerk zu erbringen sind. Die Leistungen werden dabei in zwei Gruppen untergliedert. Diese sind:

- Nebenleistungen und
- Besondere Leistungen,

wobei die Besonderen Leistungen auch als eine Erweiterung der Nebenleistungen verstanden werden, sofern die Nebenleistung Aufwände erfordert, die über das übliche Maß hinausgehen. In solchen Fällen wird aus Abschnitt 4.1 auf den Abschnitt 4.2 verwiesen.

4.1 Nebenleistungen sind ergänzend zur ATV DIN 18299, Abschnitt 4.1, insbesondere:

Nach ATV DIN 18299 Abschnitt 4.1 werden Nebenleistungen beschrieben als:

„Nebenleistungen sind Leistungen, die auch ohne Erwähnung im Vertrag zur vertraglichen Leistung gehören (§ 2 Absatz 1 VOB/B)."

Für Nebenleistungen gilt, dass diese im Leistungsverzeichnis nicht als separate Position aufgeführt werden müssen und trotzdem im Zusammenhang mit der jeweiligen Hauptposition, welche Bestandteil des Leistungsverzeichnisses ist, zu erbringen sind. Die Vergütung für diese Nebenleistungen ist bei der Ermittlung der Einheitspreise zur jeweiligen Hauptleistung zu berücksichtigen, sofern sie nicht – auch ohne ein besonderes Erfordernis – mit einer separaten Position angefragt werden. Art und Umfang der zur Erbringung der wesentlichen Hauptleistungen erforderlichen Arbeiten sind in Abschnitt 3 „Ausführung" beschrieben. Diese Leistungen sind regelmäßig als Nebenleistungen in die Einheitspreise einzurechnen.

Die auf das jeweilige Gewerk bezogenen Nebenleistungen werden in 4.1.1 bis 4.1.9 beschrieben. Weitere Nebenleistungen, die übergreifend für alle Gewerke Geltung besitzen, wie beispielsweise für die Einrichtung der Baustelle, den Stoff- und Bauteiltransport oder für Maßnahmen zur Arbeitssicherheit, sind die als Nebenleistung zu erbringenden Leistungen in ATV DIN 12599 Abschnitt 4.1 ausführlich aufgeführt.

Eine umfassende, genaue und abschließende Auflistung aller Nebenleistungen kann im Rahmen der ATV nicht geleistet werden. Dies wird durch die Verwendung des Begriffes „Insbesondere" deutlich. Nebenleistungen sind auch

Leistungen, die der gewerblichen Verkehrssitte entsprechen. Die gewerbliche Verkehrssitte beschreibt Leistungen, die selbstverständlich zu Erbringung der vereinbarten Hauptleistung gehören. Diese sind beispielsweise das Erstellen der Protokolle zur Einregulierung oder zur Einweisung des Bedienungs- und Wartungspersonals oder das Vorbereiten und Mitwirken bei der Abnahme der eigenen Leistung.

Bei der fachlichen Überarbeitung der ATV werden in der Regel solche Leistungen als Nebenleistungen aufgenommen, die häufig wiederkehrende Sachverhalte beschreiben oder bei denen es zu kontroversen Sichtweisen durch die Vertragspartner gekommen ist.

4.1.1 Prüfen der Unterlagen des Auftraggebers nach Abschnitt 3.1.3.

Das Prüfen der Unterlagen des Auftraggebers stellt einen wichtigen Baustein der korrekten Leistungserbringung dar. Kommt es aufgrund nicht erkannter Fehler der Planunterlagen zu Mängeln bei der Ausführung, wird zu belegen sein, weshalb dieser Fehler bei der Prüfung der Unterlagen nicht erkannt werden konnte.

Zu prüfen sind dabei die in Abschnitt 3.1.2 Absatz 4 aufgelisteten, für die Ausführung nötigen Unterlagen, die nach § 3 Abs. 1 VOB/B beizustellen sind. Es ist dringend angeraten, den für die Prüfung dieser Dokumente erforderlichen Aufwand bei der Kostenkalkulation zu berücksichtigen.

4.1.2 Auf-, Um- und Abbauen sowie Vorhalten von Gerüsten für eigene Leistungen, sofern die zu bearbeitende Fläche nicht höher als 3,50 m über der Standfläche des hierfür erforderlichen Gerüstes liegt.

4.1.3 Ausgleichen abgestufter oder geneigter Standflächen von Gerüsten bis zu 40 cm Höhenunterschied, z. B. über Treppen oder Rampen.

Die Regelungen zur Beistellung von Gerüsten wurden im Hauptausschuss Hochbau umfassend beraten und abschließend für alle ATVen als Standardformulierung gleichlautend vorgegeben. Mit der Formulierung soll erreicht werden, dass Gerüste bis zu einer Höhe des oberen Gerüstbodens von 2,0 m über der Standfläche, gemeint ist damit die Aufstellfläche, des Gerüstes als Nebenleistung beizustellen und in die Einheitspreise einzurechnen sind. Dabei wird von einer Arbeitsreichweite des Mitarbeiters von 0,0 m bis 1,5 m über der Standfläche der Person ausgegangen. Insbesondere wurden Aspekte der Arbeitssicherheit berücksichtigt. Für die Ausführung und den Aufbau von Gerüsten sowie der Arbeits- und Standsicherheit sind grundsätzlich die Vorgaben der ATV DIN 18451 „Gerüstarbeiten“ maßgebend.

Der Satzteil „... für eigene Leistungen" schließt eine Bereitstellung der beigestellten Gerüste für Leistungen anderer Auftragnehmer als Nebenleistung aus.

Werden Leistung oberhalb geneigter Flächen erforderlich, so ist als Nebenleistung ein Ausgleich der Neigung von maximal 40 cm zu erbringen. Dieses Maß kann in der Regel durch die Stellfüße des Gerüstes ausgeglichen werden.

4.1.4 Typ- und Leistungsschilder.

Typ- und Leistungsschilder gehören regelmäßig zum Lieferumfang aktiver Komponenten. Sie werden vom Hersteller der Komponente erstellt und an dieser dauerhaft angebracht. Weitere Hinweise zu Art und Inhalt der Typ- und Leistungsschilder werden in Abschnitt 2.1 gegeben.

4.1.5 Anschlüsse, Wand- und Deckendurchführungen ohne besondere Anforderungen, ausgenommen Leistungen nach Abschnitt 4.2.9.

Mit Anschluss ist hier die Verbindung zwischen Rohr und zum Beispiel der Wand gemeint, nicht jedoch der Anschluss an ein vorhandenes Rohrnetz. Letzterer ist in Abschnitt 4.2.13 als Besondere Leistung geregelt.

Die Bedeutung dieses Abschnitts zeigt sich im Vergleich mit Abschnitt 4.2.9. Das reine Durchfahren einer üblichen Wand oder Decke ist als Nebenleistung zu werten. Erst in Kombination mit weiteren Anforderungen zum Beispiel aus den Bereichen Luftdichtheit, Schutz gegen eindringendes Wasser, Brand- oder Schallschutz ist von einer Besonderen Leistung auszugehen. Dazu gehört die Verwendung von industriell gefertigten Brandschotts oder die Einbindung in die Abdichtungsebene von Nassräumen.

Es handelt sich im Wesentlichen dann um eine Besondere Leistung, wenn zusätzlich zum Rohr weiteres Material benötigt wird, welches das Rohr oder die Rohrstrecke radial ergänzt.

Der benötigte Durchbruch ist in 4.2.8 als Besondere Leistung beschrieben.

4.1.6 Anbringen von Konsolen und Halterungen, ausgenommen Leistungen nach Abschnitt 4.2.11.

Dieser Abschnitt wurde neu aufgenommen, um deutlich zu machen, dass nicht jede Konsole oder Halterung als Besondere Leistung ausgeschrieben werden muss. Werden zur fachgerechten Befestigung und Lastaufnahme von Bauteilen nach der gewerblichen Verkehrssitte Konsolen oder Halterungen benötigt, gehören diese zu den Nebenleistungen.

Falls derartige Konstruktionen aufgrund baulicher Gegebenheiten oder aufgrund von Installationen anderer Gewerke, die von eigenen Installationen umbaut werden müssen, erforderlich werden und das Maß der gewerblichen Verkehrssitte übersteigen, sind dies Besondere Leistungen.

4.1.7 Schutz von Bau- und Anlagenteilen vor Verunreinigungen und Beschädigungen während der Arbeiten an Gas-, Wasser- und Entwässerungsanlagen durch loses Abdecken, Abhängen oder Umwickeln, ausgenommen Schutzmaßnahmen nach Abschnitt 4.2.36.

Diese Leistung ist zu erbringen, wenn durch die eigenen Montagearbeiten Leistungen des eigenen oder von anderen Gewerken verschmutzt oder anderweitig beschädigt werden könnten. Dies ist insbesondere der Fall, wenn bei Fertigmontagen in bereits nahezu bezugsfertig hergestellten Räumen Arbeiten ausgeführt, werden, bei denen mit Verschmutzungen zu rechnen ist. Auch bei Installationsarbeiten in Bereichen, in denen schutzbedürftige Leistungen, auch solche anderer Gewerke, bereits erbracht sind, kann ein Schutz durch Abdecken, Umhüllen o. Ä. notwendig sein.

Als Nebenleistung ist ein Schutz durch Bauschutzfolien mit einer Dicke von weniger als 0,2 mm vorgesehen. Dickere Folien sowie andersartige Schutzmaßnahmen sind eine Besondere Leistung nach 4.2.36. Diese Formulierung ist in den drei TGA – ATVen gleichlautend aufgenommen worden.

4.1.8 Vorlegen vorgefertigter Oberflächen- und Farbmuster.

Das Liefern von vorgefertigten Oberflächen und Farbmustern ist eine Nebenleistung. Hier gilt es, die gewünschten Parameter genau zu beschreiben. Je genauer die Größe und Beschaffenheit der Muster für die Bemusterung beschrieben ist, umso detaillierter kann sich der Auftraggeber ein Bild von der zu erwartenden Produktbeschaffenheit machen.

Beispiele hierfür sind: Duschflächen/-wannen in unterschiedlicher Farbe, Oberflächenbeschaffenheit oder Material.

4.1.9 Fertigstellen von Bauteilen in mehreren Arbeitsgängen zur Ermöglichung von Arbeiten anderer Unternehmer, soweit die eigenen Leistungen im Zuge gleichartiger Arbeiten kontinuierlich erbracht werden können.

Sind diese Voraussetzungen nicht gegeben, handelt es sich um Besondere Leistungen nach Abschnitt 4.2.37.

Mit diesem Abschnitt werden Leistungsunterbrechungen beschrieben, bei denen eine grundsätzliche Fortsetzung der eigenen, gleichartigen Leistung, wenn auch an anderer Stelle auf der gleichen Baustelle, möglich ist. Der Begriff „gleichartige Arbeiten" impliziert, dass die Leistungen zwar an einer räumlich anderen Stelle, jedoch mit gleichem Personal und gleichen Arbeitsmitteln ausgeführt werden können. Es soll gewährleistet werden, dass die Arbeiten an anderer Stelle keine Änderung der Einrichtung der Baustelle oder der Disponierung des Personal erfordern.

Der Rückbau und der Wiederaufbau von Baustelleneinrichtungen für die Ermöglichung von Arbeiten anderer Unternehmer, beispielsweise nicht beweglicher Gerüste, sind nicht Bestandteil der Nebenleistung.

4.2 Besondere Leistungen sind ergänzend zur ATV DIN 18299, Abschnitt 4.2, z. B.:

Nach ATV DIN 18299 Abschnitt 4.2 werden Besondere Leistungen beschrieben als:

> „Besondere Leistungen sind Leistungen, die nicht Nebenleistungen nach Abschnitt 4.1 sind und nur dann zur vertraglichen Leistung gehören, wenn sie in der Leistungsbeschreibung besonders erwähnt sind."

Besondere Leistungen kommen nicht regelmäßig vor und bedürfen daher einer besonderen Erwähnung mit einer Leistungsposition im Rahmen der Leistungsbeschreibung, um zum Vertragsbestandteil zu werden. Es empfiehlt sich für den Planer, vor der Erstellung der Leistungsbeschreibung sowohl den Abschnitt 0 „Hinweise zur Ausschreibung" als auch den Abschnitt 4.2 „Besondere Leistungen" zur Kenntnis zu nehmen.

Die Auflistung der Besonderen Leistungen ist, ebenso wie die der Nebenleistungen, keinesfalls abschließend, was durch die Verwendung des Begriffes „z. B." deutlich gemacht wird.

Leistungen aus Abschnitt 4.1 können zur Besonderen Leistung werden, wenn sie über das übliche Maß hinaus mit Lieferungen und Aufwendungen verbunden sind. Entsprechende Nebenleistungen nach Abschnitt 4.1 enthalten in der Regel einen Verweis auf den jeweils zugehörigen Abschnitt in 4.2.

Wird das Erbringen Besonderer Leistungen zur Herstellung der beauftragten Leistung erforderlich und sind diese nicht im Leistungsverzeichnis beschrieben, sollte der Auftragnehmer vor einer Ausführung auf diesen Umstand hinweisen und die erforderliche Vergütung mit dem Auftraggeber vereinbaren.

4.2.1 Planungsleistungen wie Entwurfs-, Ausführungs- und Genehmigungsplanung sowie die Planung von Schlitzen und Durchbrüchen.

Planungsleistungen gehören grundsätzlich nicht zum Lieferumfang im Rahmen eines VOB-Vertrages. Für die Durchführung solcher Leistungen sind in der Regel die Vorgaben der HOAI heranzuziehen.

Werden diese Leistungen in die Leistungsbeschreibung aufgenommen und vom Auftragnehmer angeboten, sind sie Vertragsbestandteil und somit zu erbringen.

Das Erstellen der erforderlichen Unterlagen nach Abschnitt 3.1.2 (Montage- und Werkstattpläne) ist nicht Bestandteil des Abschnittes 4.2.1.

4.2.2 Anzeichnen von Durchbrüchen, wenn deren Ausführung nicht im Leistungsumfang des Auftragnehmers enthalten ist.

Das Herstellen von Schlitzen und Durchbrüchen bedarf grundsätzlich vor Ausführung einer Abstimmung mit dem Auftraggeber. Dabei werden auch statische Belange des Bauwerkes geprüft. Die Freigabe zur Ausführung sollte in Schriftform dokumentiert werden.

Der Aufwand für das Anzeichnen von Durchbrüchen und Schlitzen kann, insbesondere für Leistungen des Gewerkes Sanitärtechnik, mit erheblichem Aufwand verbunden sein. Neben der ggf. erforderlichen Erstellung einer Maßkette mit Bezug zu eindeutig vermaßten Punkten (Meterriss etc.), können auch spezielle Werkzeuge wie Nivelliergerät oder weitere Messgeräte benötigt werden. Ebenso kann das Bereitstellen von Montagehilfen wie Leitern oder Gerüste notwendig sein, um die Markierungen für Durchbrüche etc. in hohen Räumen anbringen zu können.

Sind im Rahmen der Preisermittlung Art und Umfang von Leistungen zur Festlegung von Durchbrüchen, Schlitzen etc. nicht bekannt, können sie bei der Preisfindung nicht im benötigten Maß berücksichtigt werden.

4.2.3 Leistungen für besondere Maßnahmen zur Schalldämmung und Schwingungsdämpfung von Anlagenteilen gegen den Baukörper.

Die nach Abschnitt 3.2.3 „Schallschutz“ beschriebenen, grundlegenden Leistungen entsprechend DIN 4109 sind als Nebenleistungen zu erbringen. Werden darüberhinausgehend Anforderungen an einen erhöhten Schallschutz gestellt, sind dieses Besondere Leistungen, die einer Beschreibung im Leistungsverzeichnis bedürfen.

Für Maßnahmen zur Vermeidung der Schwingungsübertragung ist in Kapitel 3 kein eigener Abschnitt vorgesehen. Es sind die allgemein anerkannten Regeln der Technik sowie die Vorgaben der Komponentenhersteller bereits bei der Planung zu berücksichtigen und im Leistungsverzeichnis zu beschreiben. Dabei ist auch die Schwingungsentkopplung der Rohrleitungsanschlüsse zu beachten. Werden aufgrund der Gebäudenutzung besondere Anforderungen an eine Vermeidung der Schwingungsübertragung gestellt, beispielsweise bei Messtechnik-Laboren mit schwingungsempfindlichen Messinstrumenten, müssen die gewünschten Maßnahmen im Leistungsverzeichnis beschrieben sein.

Insbesondere bei erhöhten Anforderungen an den Schallschutz sollte vom Auftragnehmer darauf hingewiesen werden, dass auch die Leistung anderer Gewerke wie Metall- oder Trockenbau einen erheblichen Einfluss auf den sich im Betrieb einstellenden Schallpegel haben kann. Die Garantie, einen bestimmten Schallpegel während des regulären Betriebes des Gebäudes einzuhalten, kann daher nicht von einem einzelnen Auftragnehmer, dem nicht alle beteiligten Gewerke beauftragt wurden, gegeben werden.

4.2.4 Auf-, Um- und Abbauen sowie Vorhalten von Gerüsten für Leistungen anderer Unternehmer.

Falls Gerüste nicht für die eigene, sondern für Leistungen anderer Gewerke bereitgestellt werden sollen, muss dieses im Leistungsverzeichnis beschrieben werden. Neben der Dauer der Bereitstellung müssen auch die Art der Gerüste und die vorgesehene Arbeitshöhe angegeben werden. Für die Ausführung und den Aufbau von Gerüsten sowie der Arbeits- und Standsicherheit sind grundsätzlich die Vorgaben der ATV DIN 18451 „Gerüstarbeiten“ maßgebend.

4.2.5 Auf-, Um- und Abbauen sowie Vorhalten von Gerüsten für eigene Leistungen, sofern die zu bearbeitende Fläche höher als 3,50 m über der Standfläche des hierfür erforderlichen Gerüstes liegt.

4.2.6 Auf-, Um- und Abbauen sowie Vorhalten von Gerüsten mit abgestufter oder geneigter Standfläche, z. B. über Treppen oder Rampen, sofern ein Ausgleich von mehr als 40 cm erforderlich ist.

Die Regelungen zur Beistellung von Gerüsten als Nebenleistung bzw. als Besondere Leistung wurden vom Hauptausschuss Hochbau für alle ATVen als Standardformulierung gleichlautend vorgegeben.

Werden Gerüste für eine zu bearbeitende Fläche, die höher als 3,50 m über der Gerüst-Standfläche liegt, benötigt, so ist dies gesondert zu beschreiben. Für zu bearbeitende Flächen bis 3,50 m Höhe sind Gerüste als Nebenleistung nach Abschnitt 4.1.2 bzw. 4.1.3 beizustellen. Für die Ausführung und den Aufbau von Gerüsten sowie der Arbeits- und Standsicherheit sind grundsätzlich die Vorgaben der ATV DIN 18451 „Gerüstarbeiten" maßgebend.

4.2.7 Vorhalten von Aufenthalts- und Lagerräumen, wenn der Auftraggeber Räume, die leicht verschließbar gemacht werden können, nicht zur Verfügung stellt.

Der Auftraggeber hat nach § 4 (4) Nummer 1 VOB/B dem Auftragnehmer Lager- und Arbeitsplätze auf der Baustelle unentgeltlich zur Mitbenutzung bereitzustellen. Diese Räume werden regelmäßig für den Aufenthalt von Mitarbeitern und eine ordnungsgemäße Lagerung der Baumaterialien, insbesondere im Hinblick auf das Arbeitsrecht oder die Anforderungen an die Hygiene benötigt. Kann der Auftragnehmer diese Räume nicht bereitstellen, so ist eine entsprechende Position im Leistungsverzeichnis vorzusehen. Dadurch wird der Auftragnehmer in die Lage versetzt, Kosten für Lager- oder Sozialräume vorzusehen.

4.2.8 Herstellen von Schlitzen und Durchbrüchen.

Wird das Herstellen von Schlitzen und Durchbrüchen an den Auftragnehmer vergeben, so ist dies im Leistungsverzeichnis gesondert zu beschreiben. Vor einer Ausführung der Arbeiten ist eine Abstimmung mit dem Auftraggeber, insbesondere bezüglich der Freigabe der auszuführenden Leistung, erforderlich. Der Auftraggeber hat vor seiner Freigabe die Auswirkungen auf die Statik der zu bearbeitenden Konstruktion zu prüfen.

Im Vergleich zur Gesamtausgabe der VOB 2012, dort Abschnitt 4.2.5 der DIN 18381, ist hier der Satzteil „... Stemm-, Bohr- und Fräsarbeiten für die Befestigung von Halterungen und Konsolen, sowie das ..." entfallen. Das Herstellen der Bohrlöcher für die Aufnahme von Dübeln oder sonstigen Befestigungen für Halterungen und Konsolen ist eine Nebenleistung. Stemm- und Fräsarbeiten dienen in der Regel dem Herstellen von Schlitzen oder Nischen und bedürfen vor ihrer Ausführung der Freigabe durch den Auftraggeber und stellen eine Besondere Leistung dar. Dies gilt gleichermaßen für Kernbohrarbeiten.

4.2.9 Anschlüsse, Wand- und Deckendurchführungen mit besonderen Anforderungen, z. B. an die Luftdichtheit, Gasdichtheit, Wasserdichtheit.

Werden bei Wand- und Deckendurchführungen besondere Anforderungen gestellt, handelt es sich um Besondere Leistungen. Die Abgrenzung zur Nebenleistung ist im Kommentar zu Abschnitt 4.1.5 beschrieben.

Anforderungen können sich zum Beispiel aus der EnEV (Luftdichtheit) oder durch wasserführende Schichten im Erdreich ergeben.

Der Verschluss von Leitungsdurchführungen durch Wände in angrenzende Bereiche hinein oder nach außen muss an die jeweils verwendeten Baumaterialien und die Konstruktion dieser Wände angepasst werden. Daher sind eine sorgfältige Planung und die genaue Beschreibung der Leistung erforderlich, weshalb der „luftdichte Anschluss“ als Besondere Leistung benannt wurde.

4.2.10 Rosetten an Wand- und Deckendurchführungen.

Rosetten decken Ungenauigkeiten an der Oberfläche von Durchbrüchen ab. Aus Sicht des Auftragnehmers ist die Aufführung von Rosetten aus zweierlei Gründen wichtig.

Neben der Beschaffung in einer vom Auftraggeber gewünschten Form, Farbe und Materialqualität hat die Wahl von Rosetten Einfluss auf den Rohrabstand untereinander und zu anderen Hindernissen. Nur so kann verhindert werden, dass sich die Rosetten überschneiden. Bei Verwendung von Doppelrosetten ist der Rohrabstand sogar mit nur relativ geringer Toleranz vorgegeben.

4.2.11 Besonderen Befestigungskonstruktionen, z. B. Widerlager, Rohrleitungsfestpunkte, Rohrlager mit Gleit- oder Rollenelementen, Tragschalen, Stützgerüste.

Werden zur Befestigung von Bauteilen der sanitärtechnischen Anlage aufgrund örtlicher Gegebenheiten oder spezieller Anforderungen des Auftraggebers besondere Konstruktionen benötigt, die über das übliche Maß hinausgehen, sind dies Besondere Leistungen. Beispielsweise können solche Leistungen das Herstellen von Unterkonstruktionen, Stützgerüsten etc. sein für:

- den Ausgleich von nicht ebenen Decken- oder Wandverläufen,
- die Verteilung von Lasten bei ungenügender Tragfähigkeit des zur Befestigung vorgesehenen Untergrundes,
- die Aufnahme der Lasten bei ungenügender Festigkeit des Untergrundes,
- die Umfahrung von Hindernissen, zum Beispiel Leitungen anderer Gewerke,
- Tragschalen bei Kunststoffleitungen,
- Aufnahmekonstruktionen zur Ableitung von Ausdehnungskräften.

4.2.12 Herstellen von Fundamenten für Pumpen, Behälter und sonstige Anlagenteile.

Sofern eine Vor-Ort-Fertigung der Fundamente und Sockel vorgesehen ist, werden diese in der Regel nicht vom Gewerk Sanitär hergestellt. Hier hat der Aufraggeber eine Mitwirkungspflicht gem. Abschnitt 3.1.2 im Sinne eines Informationsaustausches. Sollten diese Arbeiten durch den Auftragnehmer durchgeführt werden, handelt es sich um eine Besondere Leistung. Dies ist nach ATV DIN 18330 auszuschreiben.

Alternativ können Fundamente beispielsweise als industrielle Fertigteile als Besondere Leistung beim Auftragnehmer des Gewerkes Sanitär ausgeschrieben werden.

4.2.13 Einbinden, Anschließen und Anbohren an bestehende Rohrleitungen, Schächte und Anlagenteile.

Das Anbinden an bestehende Rohrleitungen wird als Besondere Leistung eingestuft. Dies erklärt sich dadurch, dass neben eventuell notwendigen Formstücken, die gem. Abschnitt 5.2.1 aufzuführen sind, teilweise aufwändig angearbeitet werden muss.

4.2.14 Anpassen von Anlagenteilen an nicht maßgerecht ausgeführte Leistungen anderer Unternehmer.

Vor Beginn der Montage hat der Auftragnehmer die baulichen Gegebenheiten auf Eignung für den Montagebeginn zu prüfen. Stellt er hierbei eine mangelhafte Ausführung von Leistungen anderer Gewerke oder Abweichungen von den vorgesehenen maßlichen Vorgaben fest, sollte er gemäß Abschnitt 3.1.4 Bedenken anmelden.

Wird beispielsweise aufgrund einer gegenüber der Ausführungsplanung veränderten Lage von Durchbrüchen eine Änderung der eigenen Leitungsführung erforderlich, so ist dies eine Besondere Leistung.

4.2.15 Funktions-, Bezeichnungs- und Hinweisschilder.

Aufgrund der vielfältigen Möglichkeiten zur Ausprägung von Funktions-, Bezeichnungs- und Hinweisschildern sowie deren Häufigkeit (Beispiel: Medien- und Fließrichtungshinweise) ist diese Leistung als Besondere Leistung gekennzeichnet. Der Auftraggeber wird so in die Lage versetzt, die Bauart der Beschilderung genau zu beschreiben und Vorgaben zu den Orten der Anbringung zu machen. Damit entfallen Missverständnisse zwischen der vom Auftragnehmer kalkulierten und der vom Auftraggeber gewünschten Art der Ausführung.

Typ- und Leistungsschilder nach Abschnitt 4.1.4 gelten als Nebenleistung. Diese werden werksseitig mit dem Produkt gestellt. Sollten seitens des Auftraggebers besondere Anforderungen an die Ausführung dieser Schilder gestellt werden, handelt es sich um Besondere Leistungen. Dies könnten zum Beispiel die Ausführung nach DIN 2403 oder besondere Ausstattungswünsche (z. B. Fräsung) sein.

4.2.16 Prüfen der elektrischen Verkabelung der Mess-, Steuer- und Regelanlage sowie Abstellen einer Fachkraft bei der Inbetriebnahme der Mess-, Steuer- und Regelanlage, wenn die Leistungen nicht vom Auftragnehmer ausgeführt wurden.

Schließt die Leistung des Auftragnehmers an eine bauseits erstellte Leistung an, hat der Auftragnehmer bei einer erkennbar mangelhaften Ausführung der Vorleistung Bedenken anzumelden. Eine umfängliche Prüfung der nicht selbst erbrachten Leistung ist damit nicht verbunden. Sollen durch andere Auftragnehmer erbrachte Leistungen wie die elektrische Verkabelung oder die MSR-Anlage, ggf. einschließlich der Funktionen, geprüft werden, ist dies eine Besondere Leistung. Gleiches gilt für das Beistellen eines fachlich entsprechend ausgebildeten Mitarbeiters, der beispielsweise für Koordinierungen zwischen den verschiedenen Gewerken oder für Inbetriebnahmen durch den Auftraggeber gewünscht wird.

4.2.17 Vorrichten von Anschlüssen, Armaturen und Abläufen im Fugenschnitt von Fliesen oder anderen Belägen.

Ist ein Fugenschnitt vorgesehen, so sind die Vorgehensweise sowie die Art der Ausführung detailliert anzugeben. Es ist auch bereits im Vorfeld klar zu regeln, in welcher Abstimmungsreihenfolge die Informationen und Maßangaben stattzufinden haben. Entscheidend für eine gute Ausführung des Fugenschnittes ist eine gute Vorbereitung und Abstimmung zwischen Bauherrn, Fliesenleger und Installateur.

4.2.18 Verfüllen der Fugen zwischen Sanitäreinrichtungen und angrenzenden Bauteilen sowie das Abdichten von Durchdringungen, z. B. Armaturenanschlüssen, mit elastischen Stoffen.

Das Einbinden der sanitären Einrichtungsgegenstände und von Durchdringungen in die Abdichtungsebene muss im Vorfeld klar geregelt sein. Die Art der Abdichtung ist ebenso bekanntzugeben, wie die zu verwendenden Dichtmanschetten und die Anordnung und Einbindung von Befestigungspunkten.

Entscheidend für eine gute Ausführung ist die genaue Aufteilung, wo die Liefer- und Einbaugrenzen und somit die Verantwortlichkeiten der Gewerke Sanitär und Fliesenleger liegen. Im regulären Bauablauf empfiehlt es sich, dass der Installateur bereits das Anschlusszubehör (Wannenband, Dichtmanschette, Flansche, ...) an seine Bauteile aufbringt und der Fliesenleger entsprechend das Übergangsstück (Beispielsweise das Flies) in seine Verbundabdichtung integriert. Somit wird die Trennung der Gewerke auf die Dichtmanschette verschoben, an die beide Gewerke eigenverantwortlich anbinden können. Für die Aufnahme von Befestigungen für Bauteile wie Brausestange, Seifenschalen, Duschabtrennungen etc. empfiehlt es sich, einen entsprechenden Wandanker aus Kunststoff bereits im Vorfeld in die Wand einzusetzen, welcher dann entsprechend in die Dichtebene eingearbeitet wird.

Ein „Abdichten“ mit Silikon oder ähnlichen Füllstoffen gilt nicht als Abdichtung im Sinne der Norm. Sie soll zusätzlich zum Schließen von Übergängen und aus optischen Gründen aufgebracht werden.

4.2.19 Leistungen für provisorische Maßnahmen zum Betreiben der Anlage oder von Anlagenteilen vor der Abnahme auf Anordnung des Auftraggebers, z. B. Teilinbetriebnahme von Abwasserhebeanlagen.

Der Betrieb von Anlagen oder Anlagenteilen vor der eigentlichen Abnahme sollte nur dann erfolgen, wenn durch diesen keine Beschädigungen oder Verunreinigungen der Installationen hervorgerufen werden können. Meist empfiehlt es sich, vor einer solchen Inbetriebnahme den Zustand der Anlage gemeinsam mit dem Auftragnehmer zu begutachten und das Ergebnis zu dokumentieren. Sollten während des Probebetriebes beispielsweise durch Staub erzeugende Arbeiten anderer Auftragnehmer Verschmutzungen an Teilen des eigenen Gewerkes hervorgerufen werden, könnte dies nachgewiesen werden.

Falls eine Unterbrechung des Anlagenbetriebes zwischen dem vorzeitigen Betrieb und dem bestimmungsgemäßen Betrieb nach der Abnahme möglich ist, sind Maßnahmen zum Schutz der Anlage beispielsweise vor Korrosion, Verkeimung oder Frost zu treffen. Diese Maßnahmen müssen als Besondere Leistungen beschrieben sein.

Werden für ein Betreiben von Anlagen oder Anlagenteilen vor der Abnahme provisorische Maßnahmen wie beispielsweise ein elektrischer Anschluss an die Baustromversorgung oder eine mobile Wasseraufbereitungsanlage zum Befüllen der Anlage mit Betriebswasser erforderlich, sind dieses Besondere Leistungen.

4.2.20 Zustandsprüfung vorhandener Gas-, Wasser- und Entwässerungsleitungen.

Die Zustandsprüfung von bestehenden Installationen (z. B. auf Dichtheit, Gebrauchsfähigkeit oder Korrosion) ist im Regelfall sehr aufwändig und geht meist mit der Verwendung von Spezialgeräten einher. Zustandsprüfungen von vorhandenen Leitungen sind daher in Art und Umfang detailliert zu beschreiben.

Bei fehlender Anlagenkenntnis ist eine Kalkulation dieser Leistungen im Voraus nicht möglich. Es ist nicht auszuschließen, dass unbekannte Abzweigleitungen oder Ähnliches vorhanden sein können.

Unter Umständen kann sich die Notwendigkeit der Erstellung neuer Bestandspläne aus der Prüfung ergeben. Diese Bestandspläne sind dann separat zu beauftragen.

Für Gasleitungen sind die Anforderungen der TRGI zu beachten.

Insbesondere bei der Prüfung von Entwässerungsleitungen z.B. auf Querschnittsverengungen, Korrosion oder Beschädigung mittels Kanalkamera und Bilddokumentation sind die Anforderungen detailliert zu beschreiben.

Aufgrund der Komplexität handelt es sich hierbei immer um Besondere Leistungen. Diese sind separat und detailliert auszuschreiben.

4.2.21 Druck- und Dichtheitsprüfungen von Entwässerungsleitungen, einschließlich deren Dokumentation.

Gemäß § 60 Wasserhaushaltsgesetz (WHG) dürfen Abwasseranlagen nur nach den allgemein anerkannten Regeln der Technik errichtet, betrieben und unterhalten werden. Eine Abführung von Abwasser über undichte Rohrleitungen und die damit verbundene Einleitung von Abwasser in den Untergrund und in das Grundwasser ist nach § 48 WHG nicht statthaft, wenn hierdurch eine nachteilige Veränderung der Grundwassereigenschaften zu besorgen ist. Aus diesem Grunde müssen Abwasserleitungen grundsätzlich dicht sein. Die Dichtheitsprüfungen können entweder mit Wasser oder mit Luft erfolgen.

Die Prüfungen sind vorzugsweise mit Wasser durchzuführen. Werden Prüfungen mit Luft durchgeführt, so sollte die Prüfung mittels Unterdruck der Prüfung mittels Überdruck aus sicherheitstechnischen Gründen vorgezogen werden. Als entsprechende normative Grundlagen gelten hier die DIN EN 1610 „Einbau und Prüfung von Abwasserleitungen und -kanälen“ sowie die DIN 1986-30 „Entwässerungsanlagen für Gebäude und Grundstücke – Teil 30: Instandhaltung“. Ebenso sind die Regeln und Merkblätter der Verbände zu beachten. Sie enthalten die für die jeweiligen Prüfverfahren notwendigen Tabellen und Protokollvordrucke.

Bei den Dichtheitsprüfungen von Entwässerungsleitungen sowie deren Dokumentation handelt es sich immer um eine Besondere Leistung.

Die Anforderungen müssen detailliert beschrieben werden.

4.2.22 Spülen von Entwässerungsleitungen oder Anlagenteilen, einschließlich Dokumentation, die nicht zur vertraglichen Leistung gehören, einschließlich der Gestellung der dazu erforderlichen Geräte und Betriebsstoffe.

Als Grundlage für das Spülen von Entwässerungsleitungen oder Anlagenteilen, die nicht zur vertraglichen Leistung gehören, kommen mehrere Faktoren in Frage.

Die wohl häufigste Anwendung ist das Freispülen von Bestandsleitungen, an die angeschlossen werden soll. Dies kann auf Grund von vorhandenen Ablagerungen oder aus reiner Vorsorge erfolgen. Diese Spülvorgänge sind hinsichtlich der zu erwartenden Rahmenbedingungen und der zu erreichenden Ziele ausführlich zu beschreiben. Hier ist eine detaillierte Beschreibung besonders wichtig, da die erforderlichen Geräte und Betriebsstoffe sich nicht aus der vorliegenden Beschreibung der Leistungen oder den vorliegenden Plänen ableiten lassen. Siehe hierzu auch 4.2.20.

Als weiterer Grund kann die Beseitigung von Verunreinigungen während der Bauphase genannt werden:

Wird ein Spülen der Entwässerungsleitungen oder einzelner Anlagenteile außerhalb der vertraglichen Leistung durch Umstände notwendig, welche der Auftraggeber nicht zu verschulden hat, handelt es sich hierbei um eine Besondere Leistung. Dies kann beispielsweise der Fall sein, wenn der Verdacht aufkommt oder der Fall eingetreten ist, dass während der Bauphase Verunreinigungen in die Rohrleitungen gelangt sind. In diesem Fall ist auch die Bereitstellung der dazu erforderlichen Geräte und Hilfsstoffe als Besondere Leistung zu vergüten.

Für das Spülen nach diesem Abschnitt 4.2.22 sind ausführliche Angaben bezüglich der Nennweiten, der Haltungslängen, des Spülverfahrens und der Möglichkeit der Ableitung des Spülwassers zu machen. Ohne diese Angabe ist die Preisfindung für diese Position erschwert.

4.2.23 Liefern der für die Druckprüfung, das Spülen von Trinkwasserleitungen, die Inbetriebnahme und den Probebetrieb nötigen Betriebsstoffe und Medien.

Für eine ordnungsgemäße Inbetriebnahme ist es erforderlich, die Anlage in einen Zustand zu versetzen, der dem bestimmungsgemäßen Betrieb ähnlich ist. Im Rahmen der Inbetriebnahme ist daher eine Druckprüfung durchzuführen. Außerdem ist die Trinkwasser-Installation zu spülen. Die Druckprüfung kann sowohl hydraulisch (mit Trinkwasser), als auch pneumatisch mit Luft oder Inert-Gasen durchgeführt werden.

Das Liefern der hierfür benötigten Betriebsstoffe wie z.B. Inert-Gase oder ölfreie Druckluft ist eine Besondere Leistung.

4.2.24 Zusätzliche Druckprüfungen sowie zusätzliches Füllen und Entleeren der Leitungen aus Gründen, die der Auftragnehmer nicht zu vertreten hat.

Bezüglich der „zusätzlichen" Druckprüfungen besteht ein gewisser Interpretationsspielraum. Typischerweise werden Druckprüfungen abschnittsweise erfolgen und in den Arbeitsablauf des Auftragnehmers integriert sein. Wenn Druckprüfungen dem Bauablauf geschuldet sind und nicht der typischen Durchführung des Gewerks Sanitär, handelt es sich um Besondere Leistungen. Dies kann zum Beispiel der Fall sein, wenn Verteilungsleitungen nicht strang-, sondern etagenweise abgedrückt werden, um dem nachrückenden Estrichlegerhandwerk Baufreiheit zu verschaffen.

4.2.25 Spülen von Trinkwasseranlagen oder Teilen davon, einschließlich Dokumentation.

Eine der möglichen Ursachen für eine Beeinträchtigung des Trinkwassers in der Kundenanlage, vom Hausanschluss bis zur Entnahmestelle, ist der Eintrag von Verunreinigungen während der Installation oder eines nicht bestimmungsgemäßen Betriebes. Verunreinigungen können bei Neu-Installationen und Änderungen bzw. Instandsetzungsarbeiten eines Trinkwasser-Systems eingetragen werden.

Um die nach Trinkwasserverordnung geforderte Trinkwasserbeschaffenheit sicherzustellen, sind während der Planung, des Errichtens und des Betriebes von Trinkwasser-Installationen Maßnahmen notwendig, um Verunreinigungen zu verhindern oder zu beseitigen. Eine dieser Maßnahmen ist das Spülen des Trinkwasser-Systems vor dem bestimmungsgemäßen Betrieb.

Hierbei handelt es sich um eine Besondere Leistung.

Hinweise zur Ausführung findet man in BTGA-Regel 5.002 „Spülen von Trinkwasser-Installationen" oder in ZVSHK-Merkblatt „Spülen, Desinfizieren und Inbetriebnahme".

4.2.26 Besondere Prüfungen, z. B. Prüfung von Lötnähten, Schweißnähten, Luftdichtheit der Gebäudehülle.

Verlangt der Auftraggeber als Nachweis für eine korrekte Leistungserbringung besondere Prüfungen, sind dies Besondere Leistungen. Als Beispiel kann die zerstörungsfreie Prüfung von Schweißnähten genannt werden, die nach Art und Umfang zum Zeitpunkt der Kalkulation bereits bekannt sein muss.

Werden Überprüfungen der Leistungen anderer Auftragnehmer gewünscht, hierzu zählt auch eine Luftdichtheitsprüfung der Gebäudehülle, ist dies ebenfalls eine Besondere Leistung. Das Ausschreiben der Leistung ordnet diese eindeutig einem Gewerk zu und kann vom Auftragnehmer kalkuliert werden. Dabei ist beispielsweise zu beschreiben, ob eine ausschließliche Dichtheitsprüfung durchgeführt werden soll, oder auch mögliche Leckageorte aufgezeigt werden sollen.

4.2.27 Desinfizieren von Trinkwasser-Installationen einschließlich der dazu notwendigen Betriebsstoffe und Reinigungsmittel sowie deren Beseitigung.

Nach Trinkwasserverordnung gilt das Minimierungsgebot. Eine Desinfektion des Trinkwassers und der Trinkwasser-Installation ist bei sachgerechter Planung, Ausführung und Betrieb prinzipiell nicht erforderlich.

Sollte dennoch in Ausnahmefällen eine Desinfektion der Trinkwasser-Installation erforderlich werden, erfolgt diese nach DVGW-Arbeitsblatt W 557 und ist eine Besondere Leistung. Betriebsstoffe und Reinigungsmittel sind nur zulässig, wenn sie hygienisch bedenkenlos sind. Außerdem müssen sie den Vorgaben der Trinkwasserverordnung entsprechen und durch Spülen (siehe 4.2.25) wieder entfernbar sein.

4.2.28 Wasseranalysen und Gutachten.

Das Erstellen von Wasseranalysen, auf deren Grundlage beispielsweise die Materialauswahl erfolgt oder eine mögliche Wasseraufbereitung konfektioniert und dimensioniert werden kann, sollte im Rahmen der Planungsleistung erfolgen. Dies gilt unabhängig von der Herkunft des Wassers, beispielsweise Trinkwasser oder Brunnenwasser aus eigener Förderung. Wird eine erneute Wasseranalyse nach der Auftragsvergabe und vor Montagebeginn oder der Erstbefüllung gewünscht, muss dies im Leistungsverzeichnis beschrieben werden.

Sollte diese erneute Wasseranalyse vor Montagebeginn ergeben, dass einzelne oder alle eingesetzten Werkstoffe für die Wasserzusammensetzung nicht geeignet sind, sollte der Auftragnehmer Bedenken anmelden.

4.2.29 Aufwendungen für vorgeschriebene anlagenspezifische, technische Abnahmeprüfungen.

Werden vom Auftragnehmer über die nach Abschnitt 3.2.4 „Anzeige, Erlaubnis, Genehmigung und Prüfung“ als Nebenleistung zu erbringenden Leistungen hinaus weitere Lieferungen und Leistungen gewünscht, sind diese als Besondere Leistung auszuschreiben. Ausdrücklich ist die Übernahme von Gebühren für behördlich vorgeschriebene Abnahmeprüfungen, beispielsweise durch Sachverständige, eine solche Besondere Leistung.

4.2.30 Wiederholtes Einweisen des Bedienungs- und Wartungspersonals (siehe Abschnitt 3.5.2).

Die einmalige Einweisung des Auftraggebers bzw. der von ihm zu benennenden Personen ist für einen sicheren und wirtschaftlichen Betrieb von Anlagen zwingend erforderlich. Daher ist diese Leistung nach Abschnitt 3.5.2 als Nebenleistung definiert.

Für den Fall, dass zwischen dem Zeitpunkt der Einweisung und dem tatsächlichen Betriebsbeginn das Betreiberpersonal wechselt oder der Auftraggeber ein mehrmaliges oder zusätzliches Einweisen von Personen in die Bedienung der Anlage wünscht, ist dies als Besondere Leistung auszuschreiben.

4.2.31 Funktionsmessungen nach Abschnitt 3.6, einschließlich deren Dokumentation.

Funktionsmessungen sind im Bereich Sanitär eher unüblich. Sind diese Messungen erforderlich, so handelt es sich um Besondere Leistungen.

4.2.32 Bereitstellen von zusätzlichen Daten, die über die Angaben der Richtlinien der Reihen VDI 3813[1)] und VDI 3814[1)] hinausgehen.

1) Autor: VDI – Gesellschaft Bauen und Gebäudetechnik, VDI-Platz 1, 40468 Düsseldorf, www.vdi.de. Zu beziehen durch: Beuth Verlag GmbH, 10772 Berlin, www.beuth.de.

Die Richtlinienreihen VDI 3813 „Gebäudeautomation – Raumautomationsfunktionen“ und VDI 3814 „Gebäudeautomation“ behandeln die Planung und Ausführung von Gebäudeautomationssystemen allgemein (siehe hierzu auch Abschnitt 2.2.3). Im Rahmen der Errichtung von sanitärtechnischen Anlagen können Komponenten zum Einsatz kommen, bei denen die MSR-Anlagen bereits integriert sind (Druckerhöhungsanlagen). In diesem Fall sind die entsprechenden Informationslisten durch den Auftragnehmer beizustellen, siehe auch Abschnitt 0.2.21. Werden darüber hinaus zusätzliche Angaben gewünscht, sind diese ausführlich zu beschreiben und im Leistungsverzeichnis aufzuführen. Andernfalls ist eine Kalkulation der Leistung nicht möglich.

4.2.33 Herstellen von Mustereinrichtungen und Musterkonstruktionen sowie von Modellen.

Die Herstellung von Mustereinrichtungen, Konstruktionen oder Modellen ist ausführlich zu beschreiben. Zum einen ist es wichtig, eine klare Aussage zum Ort für die Aufstellung der Muster zu treffen. Weiterhin ist eine genaue Beschreibung der Muster und der damit verbundenen Ziele (z. B.: Entscheidungshilfe für Erwerber bei der Auswahl von Badezimmertypen und Einrichtungen) notwendig. Ziel ist es, eine möglichst genaue Vorgabe für die Errichtung der Einzelbauteile zu bekommen.

4.2.34 Erstellen von Bestandsplänen, Funktions- und Strangschemata.

Bestandspläne im Sinne des Abschnittes 4.2.34 werden auf Grundlage der Ausführungspläne, die auf den „Stand der Ausschreibungsergebnisse" fortgeschrieben sind, erstellt und entsprechen den tatsächlich ausgeführten Leistungen. Gegenüber der Ausgabe VOB 2012 wurden hier die Funktions- und Strangschemata ergänzt.

Der Text wurde gleichlautend in die TGA – ATVen DIN 18379, DIN 18380 und DIN 18381 aufgenommen. Die in Abschnitt 0.2.24 aufgelisteten zu erstellenden und zu übergebenden Unterlagen können nicht umfänglich als Nebenleistung erwartet werden. Vielmehr sind die hier genannten Pläne und Schemata als Besondere Leistung nach Art und Inhalt im Leistungsverzeichnis zu beschreiben.

4.2.35 Dokumentation des hydraulischen Abgleichs mit Hilfe von Messgeräten und des Vergleichs mit den rechnerisch ermittelten Einstellungen nach Abschnitt 3.5.1.

Der hydraulische Abgleich wird typischerweise berechnet und nicht messtechnisch überprüft. Sollte dies gewünscht sein, handelt es sich um eine Besondere Leistung.

4.2.36 Besonderer Schutz von Bau- und Anlagenteilen sowie Einrichtungsgegenständen, z. B. Abkleben von Fenstern, Türen, Böden, Belägen, Treppen, Hölzern, Dachflächen, oberflächenfertigen Teilen, staubdichtes Abkleben von empfindlichen Einrichtungen und technischen Geräten, Staubschutzwände, Notdächer, Auslegen von Hartfaserplatten oder Bautenschutzfolien ab 0,2 mm Dicke.

Bei der nun in den drei TGA – ATVen aufgenommenen Formulierung handelt es sich um einen Standardsatz, der inhaltlich gleich in nahezu alle ATVen Eingang gefunden hat. Er findet sein Pendant in Abschnitt 4.1.7 und grenzt die als Nebenleistung zu erbringenden Leistungen gegen die Besonderen Leistungen ab.

4.2.37 Fertigstellen von Bauteilen in mehreren Arbeitsgängen zur Ermöglichung von Arbeiten anderer Unternehmer, soweit die eigenen Leistungen nicht im Zuge gleichartiger Arbeiten kontinuierlich erbracht werden können (siehe Abschnitt 4.1.9).

Auch bei dieser Formulierung, die ebenfalls gleichlautend in den drei TGA – ATVen aufgenommen wurde, handelt es sich um einen Standardsatz, der vom HAH vorgegeben wurde. Die als Nebenleistung zu akzeptierenden Arbeitsunterbrechungen sind in Abschnitt 4.1.9 beschrieben. Eine besondere Vergütung für Arbeitsunterbrechungen ist insbesondere dann angezeigt, wenn die Baustelleneinrichtung oder die Qualifikation des Montagepersonals nicht dazu geeignet sind, kurzzeitig an anderer Stelle im Objekt tätig zu werden.

Der zusätzliche Auf- und Abbau von Montagehilfen oder Gerüsten aus Gründen, die der Auftragnehmer nicht selbst zu verantworten hat, stellt ebenfalls eine Besondere Leistung dar.

4.2.38 Maßnahmen zum Schutz vor ungeeigneten Bedingungen, die sich aus der Witterung oder dem Raumklima ergeben, nach Abschnitt 3.1.5.

Hier wurde erneut ein Standardsatz entsprechend den Vorgaben des HAH verwendet. Die „ungeeigneten Bedingungen“ sind für jedes Gewerk separat zu betrachten und zu bewerten. Abschnitt 3.1.5 erwähnt beispielhaft die Klebearbeiten von Kunststoffrohren, die bei niedrigen Temperaturen oder hohen Luftfeuchten nur eingeschränkt möglich sind. Sollen die Montagearbeiten trotz widriger Temperatur- oder Feuchtewerte durchgeführt werden, könnte beispielsweise eine vorübergehende, provisorische Beheizung des Montageortes erforderlich sein, was als Besondere Leistung zu beschreiben ist.

4.2.39 Maßnahmen für den Brand-, Schall-, Wärme-, Feuchte- und Strahlenschutz, soweit diese über die Leistungen nach Abschnitt 3 hinausgehen.

Die Leistungen nach Abschnitt 3.2.3 beinhalten die Anforderungen der allgemein anerkannten Regeln der Technik für den Schallschutz. Bezüglich des Aufbringens von Dämmungen (auch gegen eine Taupunktunterschreitung) und der

Durchführung von Brandschutzmaßnahmen wird in Abschnitt 3.2.2 nur auf eine hinreichende Platzreserve zur Durchführung dieser Leistungen hingewiesen. Die Arbeiten selbst sind entsprechend den Vorgaben aus DIN 18421 „Dämm- und Brandschutzarbeiten an technischen Anlagen" durchzuführen. Zu Lieferungen und Leistungen, die aus Gründen des Strahlenschutzes erforderlich werden, werden keine Hinweise gegeben.

Sollen Leistungen über die nach Kapitel 3 beschriebenen Inhalte hinaus erbracht werden, bedürfen diese einer genauen Beschreibung im Leistungsverzeichnis. Insbesondere mögliche Maßnahmen hinsichtlich des Strahlenschutzes bedürfen in der Regel einer Fachplanung und können ohne eine umfängliche Beschreibung nicht kalkuliert werden.

4.2.40 Reinigen des Untergrundes von grober Verschmutzung, z. B. Gipsreste, Mörtelreste, Farbreste, Öl, soweit diese nicht durch den Auftragnehmer verursacht wurde.

Jeder Auftragnehmer ist gehalten, eine Verschmutzung der Baustelle oder der Leistung anderer Gewerke nach Möglichkeit zu vermeiden. Entsprechend Abschnitt 4.1.11 der DIN 18299 hat er den Abfall sowie Verunreinigungen aus seinem Bereich zu entsorgen. Daher kann davon ausgegangen werden, dass die Baustelle in einem dem Bautenstand entsprechenden, sauberen Zustand vorgefunden wird.

Sollte vor der Montage eine Reinigung des Untergrundes von Verschmutzungen, die Dritte verursacht haben, erforderlich sein, ist dies eine Besondere Leistung. Die Reinigung ist insbesondere dann erforderlich, wenn die zu reinigende Fläche durch montierte Anlagen oder Anlagenteile zu einem späteren Zeitpunkt nicht mehr zugängig ist oder die Einhaltung der Hygienevorgaben (z. B. nach VDI 6023) ohne eine Reinigung nicht garantiert werden kann.

5 Abrechnung

Ergänzend zur ATV DIN 18299, Abschnitt 5, gilt:

Die Gliederung des Abschnitts 5 war bislang eher unübersichtlich und in den verschiedenen ATVen unterschiedlich gestaltet. Dies hatte insbesondere für den Auftraggeber den Nachteil, dass er keine einheitlichen Abrechnungsstrukturen anwenden konnte und für jedes Gewerk unterschiedliche Vorgaben zu berücksichtigen hatte. So waren in 5.1 „Allgemeines" bei einigen Gewerken beispielsweise Abrechnungs- und Übermessungsregelungen enthalten, die in weiteren

Abschnitten des Kapitels ergänzt oder gar anderslautend aufgeführt wurden. Dieses führte beim Anwender oft zu Unübersichtlichkeit und Irritation.

Der Hauptausschuss Hochbau hat daher nach Aufforderung des Deutschen Vergabe- und Vertragsausschusses für Bauleistungen (DVA) eine Neugliederung des Abschnittes 5 vorgenommen. Hierbei war die Zielsetzung, die unterschiedliche Vorgehensweise aller ATVen der VOB Teil C hinsichtlich der Abrechnungs- und Übermessungsregeln formal anzugleichen und in eine einheitliche Struktur zu bringen.

Die Hinweise zur Anwendung der Übermessungsregeln und Einzelregelungen im Rahmen der Leistungsermittlung sind in den Abschnitten 5.3 sowie 5.4 aufgeführt.

Die neue Gliederung sieht nun maximal diese vier Abschnitte wie folgt vor:

- Abschnitt 5.1 Allgemeines
- Abschnitt 5.2 Ermittlung der Maße/Mengen
- Abschnitt 5.3 Übermessungsregeln
- Abschnitt 5.4 Einzelregelungen

Die folgende Kommentierung beinhaltet Erläuterungen zu den Inhalten der Abschnitte.

5.1 Allgemeines

Im Abschnitt 5.1 „Allgemeines“ wird erläutert, was der Ermittlung der Leistung zugrunde zu legen ist, also z. B. die Maße der hergestellten Anlagen oder Anlagenteile oder die Maße der belegten Flächen.

5.1.1 Der Ermittlung der Leistung – gleichgültig ob sie nach Zeichnungen oder nach Aufmaß erfolgt – sind zugrunde zu legen:

- die Maße der hergestellten Anlagen oder Anlagenteile. Stücklisten dürfen hinzugezogen werden.

Zur Leistungsermittlung sind die vereinfachenden Regeln, wie Übermessungsregeln und Einzelregelungen anzuwenden.

In diesem Abschnitt wird zunächst erläutert, was der Ermittlung der Leistung zugrunde gelegt wird. Im Falle der ATV 18381 sind dies die Maße der hergestellten Anlagen oder Anlagenteile, also die tatsächlich ausgeführten Leistungen. Die Ermittlung der Leistung kann dabei nach Zeichnung, nach Aufmaß vor Ort oder durch eine Mischung beider Vorgehensweisen ermittelt werden. Ebenso dürfen Stücklisten hinzugezogen werden, wobei nicht zwischen Stücklisten der Planung oder Listen, die während der Bauphase erstellt wurden, unterschieden wird. Die jeweils gewünschte Art der Leistungsermittlung sollte bereits im Vorfeld der Leistungserbringung zwischen Auftraggeber und Auftragnehmer vereinbart werden. Der Text wurde als Standardtext durch den HAH vorgegeben und sofern erforderlich an die Belange der jeweiligen ATV, in den er übernommen wurde, angepasst. Diese Regelung weicht von den Inhalten der ATV DIN 18299 ab, welche zumindest bei Übereinstimmung von Zeichnungsinhalten und erbrachter Leistung eine Abrechnung nach Zeichnung bevorzugt.

Im Falle der Ermittlung nach Aufmaß sollten die aufgenommenen Mengen entsprechend dem Leistungsverzeichnis mit gleichlautendem Titel und Positionsnummern angegeben werden. Ausnahmen können bei geänderten und vertraglich neu vereinbarten Leistungen, welche im Nachgang zur Ausschreibung vereinbart wurden, auftreten. In diesem Fall sind die nachträglich formulierten Leistungen im Rahmen des Aufmaßes gesondert zu kennzeichnen.

Bei der Leistungsermittlung vor Ort (Aufmaß) kann es hilfreich sein, die Maße und Mengen gemeinsam mit dem Auftraggeber aufzunehmen und diese auf dem Aufmaßblatt vom Auftraggeber bestätigen zu lassen. Damit können die Grundlagen zur späteren Abrechnung bereits zu einem frühen Zeitpunkt einvernehmlich geklärt werden.

Bei der Leistungsermittlung nach Zeichnung sollte zunächst der als Grundlage der Mengenermittlung dienende Planstand vereinbart werden. Dabei muss es sich um einen Planstand handeln, der die tatsächlich installierten Anlagen und Anlagenteile enthält. Die Leistungsermittlung aus Zeichnungen ist für beide Vertragsparteien mit einer Vereinfachung verbunden. Der Zeit- und Arbeitsaufwand für die Ermittlung der erbrachten Leistungen vor Ort durch den Auftragnehmer sowie der Prüfung durch den Auftraggeber können dadurch reduziert werden.

5.2 Ermittlung der Maße/Mengen

Für die Ermittlung der im Rahmen der Rechnungslegung in Anrechnung zu bringenden Maße, Massen und Mengen, welche der Abrechnung zugrunde zu legen sind, gelten die in diesem Abschnitt beschriebenen Regelungen. Die Festlegung darüber, welche Bauteile nach Maß, Masse oder Menge abzurechnen sind, erfolgt bereits mit dem Leistungsverzeichnis. Dabei sind die Hinweise nach Abschnitt 0.5 hilfreich und sollten beachtet werden.

5.2.1 Bei Abrechnung nach Längenmaß werden Rohrleitungen in der Mittelachse gemessen. Dabei werden Rohrbögen bis zum Schnittpunkt der Mittelachsen gemessen. Armaturen, Rohrbögen und Formstücke werden zusätzlich gerechnet.

In Abschnitt 5.2.1 wird aufgeführt, welche Maße und Mengen bzw. in welcher Form ein Bauteil für die Ermittlung der Abrechnungsmenge berücksichtigt werden darf.

So gilt auch weiterhin, dass bei Abrechnung nach Längenmaß die Rohrleitungen in der Mittelachse gemessen werden. Das Messen von Rohr einschließlich Bögen wird vereinfacht, indem Bögen nicht nach ihrer Bogenlänge, sondern bis zum Schnittpunkt der Mittelachse gemessen werden. Dies gilt sowohl für Fittings als auch für handwerklich gefertigte Formstücke.

In der Installation verwendete Armaturen (z. B. Ventile und Mischarmaturen) und Formstücke (z. B. Reduzierungen, Abzweige und T-Stücke) werden zunächst übermessen, zusätzlich aber auch als Einzelbauteile aufgenommen. Dies wurde nun explizit auch für Rohrbögen klargestellt.

Hingegen dürfen eingesetzte Apparate (z. B. Wärmeübertrager) nicht übermessen werden. Auch für die Armaturen, Rohrbögen und Formstücke gilt, dass diese getrennt nach ihrer Art, der Nennweite sowie sonstigen vorgegebenen Kriterien zu ermitteln und abzurechnen sind.

Eine weitere Besonderheit stellen bei der Ermittlung des Längenmaßes die T-Stücke dar, die eine Abzweigung an eine bestehende Verbindung aufweisen. Zur Längenermittlung des Abzweiges wird der Schnittpunkt zwischen der Mittelachse des Durchgangs und der Mittelachse des Abzweiges herangezogen und von diesem Punkt aus gemessen.

5.2.2 Bei Abrechnung nach Masse ist diese nach folgenden Grundsätzen zu berechnen:

5.2.2.1 Es sind anzusetzen

- bei Stahlblechen und Bandstahl 7,85 kg/m^2 je 1 mm Dicke,
- bei genormten Profilen die Masse nach den Angaben in den DIN-Normen,
- bei anderen Profilen die Masse nach den Angaben in den Profilbüchern der Hersteller.

Der Abschnitt 5.2.2 definiert Vorgaben für eine Abrechnung nach Masse.

Die Gewichtsangabe für Stahlbleche und Bandstähle wurde im Vergleich zur Ausgabe 2012 von 8,00 kg/m^2 je 1 mm Dicke auf 7,85 kg/m^2 je 1 mm Dicke geändert. Grund hierfür ist eine Angleichung an die Norm für Metallbauarbeiten ATV DIN 18360. Dieser Wert basiert auf der Dichte eines Stahls von 7,85 kg/dm^3 und einem Volumen von 1 dm^3 (Platte von 1 m^2 Fläche und einer Stärke von 1 mm).

Der Aufschlag von 2 % für Walztoleranzen für genormte Profile ist entfallen. Er ist in die Einheitspreise einzukalkulieren und bleibt bei der Ermittlung der Abrechnungsmasse unberücksichtigt. Für genormte Profile ist die errechnete Masse nach den einschlägigen DIN-Normen maßgebend, bei allen weiteren Profilen die nach dem Profilbuch des Herstellers.

5.2.2.2 Bei der Berechnung der Masse bleiben unberücksichtigt: Verbindungsmittel, z. B. Schrauben, Nieten, Schweißgut.

Eine weitere Änderung ergibt sich hinsichtlich der Abrechnung von Verbindungsarten von Konstruktionen. Wurde in der Ausgabe 2012 noch gefordert, dass bei geschraubten, geschweißten oder genieteten Konstruktionen der nach 5.2.2.1 ermittelten Masse 2 % für die Verbindungsmittel aufgeschlagen werden, ist diese Regelung inzwischen entfallen. Kosten für Verbindungsmittel sind daher in die Einheitspreise einzukalkulieren, diese sollten entsprechend überprüft und gegebenenfalls angepasst werden.

5.2.2.3 Bei verzinkten Bauteilen oder verzinkten Konstruktionen werden zu den Massen, die nach den zuvor genannten Grundsätzen ermittelten wurden, 5 % aufgrund der Gewichtszunahme durch das Verzinken zugeschlagen.

Weiterhin Bestand hat die Regelung, für verzinkte Bauteile oder Konstruktionen, die nach den zuvor genannten Grundsätzen ermittelt wurden, auf die ermittelten Massen 5 % für das durch den Zinküberzug höhere Gewicht des verarbeiteten Materials aufzuschlagen. Der klärende Zusatz, dass dies aufgrund der Gewichtszunahme des Verzinkens geschieht, wurde ergänzt.

5.3 Übermessungsregeln

Im Abschnitt 5.3 wird definiert, welche Bauteile übermessen werden. Die Übermessungsregelung zielt in erster Linie auf eine Vereinfachung der Abrechnung ab, denn bei der Bildung des Einheitspreises muss der Auftragnehmer zu übermessende Leistungen berücksichtigen.

Durch die klaren Übermessungsregeln hat er alle notwendige Information, welche Bauteile, da sie später übermessen werden, berücksichtigt werden müssen und welche unberücksichtigt bleiben können, weil sie später bei der Abrechnung in Abzug gebracht werden.

Übermessen werden:

Bei Abrechnung nach Längenmaß

- Armaturen,
- Rohrbögen,
- Form-, Pass- und Verbindungsstücke.

Die Übermessungsregeln wurden aus der Fassung 2012 inhaltlich gleich übernommen, nun jedoch erstmalig als eigenständiger Punkt in die DIN 18381 aufgenommen und erlauben bei der Abrechnung nach Längenmaß, Armaturen, Rohrbögen sowie Form-, Pass- und Verbindungsstücke bei der Ermittlung der erbrachten Leistung zu übermessen. Pumpen werden ebenfalls übermessen.

Grundsätzlich handelt es sich um eine Positivliste, welche Einbauteile übermessen werden dürfen. Damit sind zum Beispiel Warmwasserspeicher eindeutig nicht zu übermessen. Unklarer ist die Sachlage bei zum Beispiel Filtern oder Wasserzählern.

Um dem Gedanken der Aufmaßvereinfachung Rechnung zu tragen, sollte so vorgegangen werden, dass Einbauteile, die direkt im Wasserweg liegen und als verlängertes Rohr interpretiert werden können, übermessen werden dürfen. Damit dürfen Wasserzähler und Filter übermessen werden. Warmwasserspeicher, die mehrseitig angeschlossen sind und keinen klaren Durchgang haben, werden nicht übermessen. Mischer hingegen können wie ein T-Stück übermessen werden.

Die nachfolgende Abbildung soll noch einmal beispielhaft darstellen, welche Vorgaben beim Aufmaß von Gas-, Wasser- und Entwässerungsanlagen innerhalb von Gebäuden zu beachten sind.

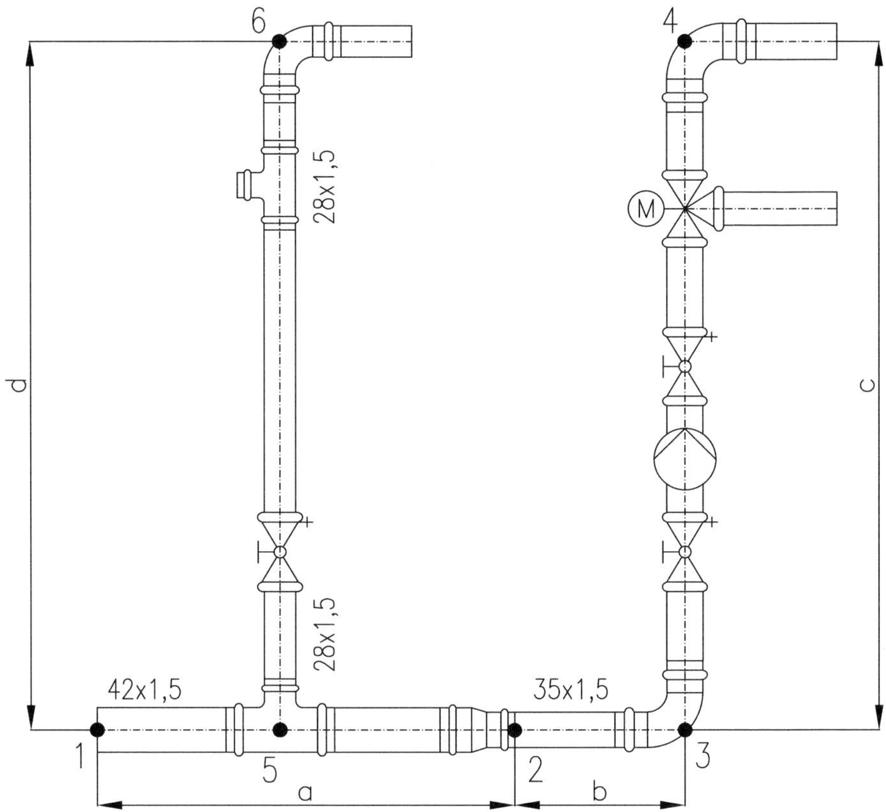

Bild 1: Beispielskizze für normgerechte Übermessungsregeln gemäß ATV DIN 18381

- Teilstrecke a (von 1–2): T-Stück sowie Reduzierung werden übermessen (alles als 42-er-Kupferrohr). Hinter der Reduzierung wird die Aufnahme des Längenmaßes in der kleineren Dimension (mit 35-er-Kupferrohr) fortgesetzt.
- Teilstrecke b (von 2–3): Erfasst wird die Strecke ab dem Ende der Reduzierung bis zur Mittelachse des Bogens (hier Schnittpunkt beider Mittelachsen).
- Teilstrecke c (von 3–4): Gemessen wird von Mitte Bogen nach Mitte Bogen (hier vom Schnittpunkt beider Rohrmittelachsen bis zum Schnittpunkt beider Rohrmittelachsen). Die dargestellten Ventile sowie Pumpe und Mischer werden übermessen.

- Teilstrecke d (5–6): Startpunkt der Bemessung ist der Schnittpunkt der Mittelachsen im T-Stück 42-28-42. Gemessen wird über das T-Stück 28-22-28 hinweg bis zur Mitte von Bogen (6) (hier Schnittpunkt beider Rohrmittelachsen).
- Zusätzliche Berechnung nach Dimension, Typ und Anzahl:
  - T-Stücke
  - Absperrventile
  - Bögen
  - Reduzierung
  - Pumpe
  - Mischer

5.4 Einzelregelungen

Keine Regelungen.

In der ATV 18381 sind keine Einzelregelungen aufgenommen worden.

Anhang: Gegenüberstellung ATV DIN 18381 aus VOB 2016 und 2012

Hinweis: Abschnitte, die mit wenigen Änderungen in die VOB 2016 übernommen wurden, sind in der folgenden Aufstellung auf gleicher Höhe aufgeführt. Abschnitte, die deutlich geändert wurden oder für die kein vergleichbarer Abschnitt existiert, werden einzeln aufgeführt. Die Reihenfolge wird durch die VOB 2016 vorgegeben. Wichtige Änderungen, die sich durch die Änderung einzelner Worte ergeben, wurden in **Fettschrift** dargestellt. Änderungen, die vom Autor im Wesentlichen als redaktionell eingestuft wurden, wurden nicht gekennzeichnet. Die Bezugsquellen für Normen, Richtlinien oder Gesetzestexte wurden nicht übernommen, um die Übersicht zu wahren.

ATV DIN 18381, September 2016		ATV DIN 18381, September 2012	
Abschnitt	**Text**	**Abschnitt**	**Text**
0	Hinweise für das Aufstellen der Leistungsbeschreibung Diese Hinweise ergänzen die ATV DIN 18299 „Allgemeine Regelungen für Bauarbeiten jeder Art“, Abschnitt 0. Die Beachtung dieser Hinweise ist Voraussetzung für eine ordnungsgemäße Leistungsbeschreibung gemäß §§ 7 ff., §§ 7 EU ff. beziehungsweise §§ 7 VS ff. VOB/A. Die Hinweise werden nicht Vertragsbestandteil. In der Leistungsbeschreibung sind nach den Erfordernissen des Einzelfalles insbesondere anzugeben:	**0**	Hinweise für das Aufstellen der Leistungsbeschreibung Diese Hinweise ergänzen die ATV DIN 18299 „Allgemeine Regelungen für Bauarbeiten jeder Art“, Abschnitt 0. Die Beachtung dieser Hinweise ist Voraussetzung für eine ordnungsgemäße Leistungsbeschreibung gemäß § 7, § 7 EG bzw. § 7 VS VOB/A. Die Hinweise werden nicht Vertragsbestandteil. In der Leistungsbeschreibung sind nach den Erfordernissen des Einzelfalls insbesondere anzugeben:
0.1	Angaben zur Baustelle	**0.1**	Angaben zu Baustelle
0.1.1	Hauptwindrichtung.	**0.1.1**	Hauptwindrichtung.
0.1.2	Ausbildung von Baugruben.	**0.1.2**	Ausbildung von Baugruben.
0.1.3	Bebauung der Umgebung.	**0.1.3**	Bebauung der Umgebung.
0.1.4	Art der Abdichtung von Bauwerken und Bauwerksteilen, z. B. Wannenausbildung von Kellern	**0.1.4**	Art der Abdichtung von Bauwerken und Bauwerksteilen, z. B. Wannenausbildung von Kellern.
0.1.5	Aufbau der Fußboden- und Dachkonstruktion, Dämmung und Abdichtung.	**0.1.5**	Aufbau der Fußboden- und Dachkonstruktion, Dämmung und Abdichtung.
0.1.6	Art und Umfang der Schutzmaßnahmen gemäß VDE-Bestimmungen.	**0.1.6**	Art und Umfang der Schutzmaßnahmen gemäß VDE-Bestimmungen.
0.1.7	Art, Lage, Maße und Ausbildung sowie Termine des Auf- und Abbaus von bauseitigen Gerüsten	**0.1.7**	Art, Lage, Maße und Ausbildung sowie Termine des Auf- und Abbaus von bauseitigen Gerüsten.
0.1.8	**Geländehöhen und Höhe der Rückstauebene**		

ATV DIN 18381, September 2016		ATV DIN 18381, September 2012	
Abschnitt	**Text**	**Abschnitt**	**Text**
0.1.9	**Art und Lage der notwendigen zur Verfügung zu stellenden Ablaufstellen zur Aufnahme von Entwässerungsstellen aus Fremdgewerken.**		
0.2	Angaben zur Ausführung	**0.2**	Angaben zur Ausführung
0.2.1	Anzahl, Art, Lage, Maße, Stoffe und Ausbildung der herzustellenden Anlagen.		
0.2.2	Umfang der vom Auftragnehmer vorzunehmenden Installation der anlageninternen elektrischen Leitungen einschließlich Auflegen auf die Klemmen	**0.2.1**	Umfang der vom Auftragnehmer vorzunehmenden Installation der anlageninternen elektrischen Leitungen einschließlich Auflegen auf die Klemmen
0.2.3	**Art und Bedarfe, z. B. thermischer Energiebedarf, anderer, nicht zur vertraglichen Leistung gehörender Komponenten**		
0.2.4	**Geforderte Druckstufen für Anlagenteile**		
0.2.5	Beibringen von Genehmigungen, Prüfungen und Abnahmen, z. B. Behälterprüfungen gemäß Betriebssicherheitsverordnung (BetrSichV), Anlagen für radioaktive Abwässer.	**0.2.2**	Beibringen von Genehmigungen, Prüfungen und Abnahmen, z. B. Behälterprüfungen nach Betriebssicherheitsverordnung (BetrSichV), Anlagen für radioaktive Abwasser.
0.2.6	Zerstörungsfreie Prüfungen bei Hochdruckleitungen und schwer zugänglichen Leitungen.	**0.2.3**	Zerstörungsfreie Prüfungen bei Hochdruckleitungen und schwer zugänglichen Leitungen.
0.2.7	Anzahl, Art und Maße von Mustern und Musterkonstruktionen. Ort der Anbringung.	**0.2.4**	Anzahl, Art und Maße von Mustern und Musterkonstruktionen. Ort der Anbringung.
0.2.8	Art und Umfang von **Leistungen für den Winterbau**	**0.2.5**	Art und Umfang von Winterbaumaßnahmen.
0.2.9	**Schutz von Bau- und Anlagenteilen, Einrichtungsgegenständen und dergleichen**		

ATV DIN 18381, September 2016		ATV DIN 18381, September 2012	
Abschnitt	**Text**	**Abschnitt**	**Text**
0.2.10	**Angaben zur Umsetzung eines Hygienekonzepts**		
0.2.11	Besondere Anforderungen an Wand- und Deckendurchführungen	**0.2.6**	Besondere Anforderungen an Wand- und Deckendurchführungen.
0.2.12	Anforderungen an den Brand-, Schall-, Wärme-, Feuchte- und Strahlenschutz, **Energieeffizienz** sowie an die Luftdichtheit der Gebäudehülle. Art und Umfang erforderlicher Maßnahmen.	**0.2.7**	Anforderungen an den Brand-, Schall-, Wärme-, Feuchte- und Strahlenschutz sowie an die Luftdichtheit der Gebäudehülle. Art und Umfang erforderlicher Maßnahmen.
0.2.13	Anforderungen an die auf den Rohfußboden zu verlegenden Leitungen.	**0.2.8**	Anforderungen an die auf den Rohfußboden zu verlegenden Leitungen.
0.2.14	**Anforderungen an die Wärmedämmung der auf dem Rohfußboden verlegten Leitungen.**		
0.2.15	Besondere physikalische und chemische Beanspruchungen, denen Stoffe und Bauteile nach dem Einbau ausgesetzt sind.	**0.2.9**	Besondere physikalische und chemische Beanspruchungen, denen Stoffe und Bauteile nach dem Einbau ausgesetzt sind.
0.2.16	Art und Umfang von Korrosionsschutzmaßnahmen **(siehe Abschnitte 2.1 und 3.1.1) und Maßnahmen zur Vermeidung von Steinbildung (siehe Abschnitt 3.1.1).**	**0.2.10**	Art und Umfang von Korrosionsschutzmaßnahmen.
0.2.17	Ergebnisse der Wasseranalyse zur Beurteilung des korrosionschemischen Verhaltens nach DIN 50930-6 „Korrosion der Metalle – Korrosion metallischer Werkstoffe im Innern von Rohrleitungen, Behältern und Apparaten bei Korrosionsbelastung durch Wässer – Teil 6: **Bewertungsverfahren und Anforderungen hinsichtlich der hygienischen Eignung in Kontakt mit Trinkwasser“** und DIN EN 12502 **(alle Teile)** „Korrosionsschutz metallischer Werkstoffe“.	**0.2.11**	Ergebnisse der Wasseranalyse zur Beurteilung des korrosionschemischen Verhaltens nach DIN 50930-6 „Korrosion der Metalle – Korrosion metallischer Werkstoffe im Innern von Rohrleitungen, Behältern und Apparaten bei Korrosionsbelastung durch Wässer – Teil 6: Beeinflussung der Trinkwasserbeschaffenheit“ und Normen der Reihe DIN EN 12502 „Korrosionsschutz metallischer Werkstoffe“.

ATV DIN 18381, September 2016		ATV DIN 18381, September 2012	
Abschnitt	**Text**	**Abschnitt**	**Text**
0.2.18	Art, Maße, Umfang und Ausbildung der Wärmedämmung und Dämmung gegen Tauwasserbildung.	**0.2.12**	Art, Maße, Umfang und Ausbildung der Wärmedämmung und Dämmung gegen Tauwasserbildung.
0.2.19	Art und Umfang von Provisorien, z. B. für vorübergehende Ver- und Entsorgung.	**0.2.13**	Art und Umfang von Provisorien, z. B. für vorübergehende Ver- und Entsorgung.
0.2.20	**Vorgezogenes oder nachträgliches Herstellen von Teilen der Leistung**. Zeitpunkte der – gegebenenfalls stufenweisen – **Fertigstellung** und Inbetriebnahme.	**0.2.14**	Zeitpunkte der – gegebenenfalls stufenweisen – Inbetriebnahme.
0.2.21	**Schnittstellen zu anderen Gewerken**.		
0.2.22	**Angaben zur Gebäudeautomation, z. B. Schnittstellen, Schnittstellendefinition**.		
0.2.23	**Art und Umfang von Leistungen zur gewerkeübergreifenden Inbetriebnahme**.		
		0.2.15	Betriebsbedingungen von Einrichtungen und Apparaten, z. B. Einschaltdauer des Magnetventils.
		0.2.16	Vorgaben zur Aufschaltung auf die Gebäudeautomation.
0.2.24	Art und Umfang der **bereit zu stellenden und zu übergebenden Unterlagen vor der Montage bzw. zur Bestandsdokumentation**, z. B.: – **Funktions- und** Strangschemata, – Bestandspläne **der errichteten Anlagen,** – Stückliste, enthaltend alle Mess-, Steuerungs- und Regelgeräte (MSR),	**0.2.17**	Art und Umfang der zu liefernden Unterlagen, z. B.: – Strangschemata zu den Anlagenschemata – Bestandspläne – Stückliste, enthaltend alle Mess-, Steuerungs- und Regelgeräte (MSR),

ATV DIN 18381, September 2016		ATV DIN 18381, September 2012	
Abschnitt	**Text**	**Abschnitt**	**Text**
	– Stromlaufplan und gegebenenfalls Funktionsplan der Steuerung nach DIN EN 60848 „GRAFCET – Spezifikationssprache für Funktionspläne der Ablaufsteuerung“, – Funktionsbeschreibung unter Einbeziehung der Regelung mit Darstellung der **Regelschemata**, – Protokolle über die im Rahmen der Einregulierungsarbeiten durchgeführten endgültigen Einstellungen und Messungen, – Ersatzteillisten, – Berechnung des Energiebedarfs, – **Berechnung der Netze und Einstellwerte**, – Diagramme und Kennlinienfelder, – Informationslisten bei MSR-Anlagen in DDC-Technik (siehe Richtlinien der Reihe VDI 3814 „Gebäudeautomation (GA)“).		– Stromlaufplan und gegebenenfalls Funktionsplan der Steuerung nach DIN EN 60848 „GRAFCET – Spezifikationssprache für Funktionspläne der Ablaufsteuerung“. – Funktionsbeschreibung unter Einbeziehung der Regelung mit Darstellung der Regeldiagramme, – Protokolle über die im Rahmen der Einregulierungsarbeiten durchgeführten endgültigen Einstellungen und Messungen, – Ersatzteilliste – Berechnung des Energiebedarfs, – Diagramme und Kennlinienfelder, – Informationslisten bei MSR-Anlagen in DDC-Technik (siehe Richtlinien der Reihe VDI 3814 „Gebäudeautomation (GA)“).
0.2.25	**Durchführung von Funktionsmessungen**.		
0.2.26	Art, Verfahren und Umfang vorzunehmender Druck- und Dichtheitsprüfungen für Rohrleitungen sowie Einzelheiten über auszubauende und wiedereinzubauende sowie abzudichtende Bauteile und Apparate	**0.2.18**	Art, Verfahren und Umfang vorzunehmender Druck- und Dichtheitsprüfungen für Rohrleitungen sowie Einzelheiten über auszubauende und wiedereinzubauende sowie abzudichtende Bauteile und Apparate.
0.2.27	Art, Verfahren und Umfang des Spülens von Rohrleitungen der Trinkwasser-Installation, **insbesondere**	**0.2.19**	Art, Verfahren und Umfang des Spülens von Rohrleitungen der Trinkwasserinstallation nach DIN 1988-200;2012-05 „Technische Regeln für Trinkwasser-Installationen – Teil 200: Installation Typ A (geschlossenes System) – Planung, Bauteile, Apparate, Werkstoffe; Technische Regel des DVGW“, Abschnitt 11.2, insbesondere

ATV DIN 18381, September 2016		ATV DIN 18381, September 2012	
Abschnitt	**Text**	**Abschnitt**	**Text**
	– Länge und Nennweite der Kellerverteilleitungen, – Anzahl und Nennweite der Steigleitungen, – Anzahl der Geschosse, – Anzahl der Entnahmestellen, – Art der Entnahmestellen wie Aufputz- oder Unterputz-Armaturen, Unterputz-Spülkästen und dergleichen, – Lage der Anschlussstelle für die Abwasserentsorgung		– Länge und Nennweite der Kellerverteilleitungen, – Anzahl und Nennweite der Steigleitungen, – Anzahl der Geschosse, – Anzahl der Entnahmestellen, – Art der Entnahmestellen wie Aufputz- oder Unterputz-Armaturen, Unterputz-Spülkästen und dergleichen, – Lage der Anschlussstelle für die Abwasserentsorgung.
0.2.28	Art, Verfahren und Umfang des Spülens von Entwässerungsleitungen oder **Anlagenteilen** nach Abschnitt **4.2.22** insbesondere – Länge und Nennweite der zu spülenden Leitungen, – Möglichkeiten der Ableitung des Spülwassers.	**0.2.20**	Art, Verfahren und Umfang des Spülens von Entwässerungsleitungen oder Teilen davon nach Abschnitt 4.2.20 insbesondere – Länge und Nennweite der zu spülenden Leitungen – Möglichkeiten der Ableitung des Spülwassers.
0.2.29	Art, Verfahren und Umfang der **Desinfektion von Rohrleitungen der Trinkwasser-Installation nach Abschnitt 4.2.27**.	**0.2.21**	Art, Verfahren und Umfang des Spülens von Rohrleitungen der Trinkwasser-Installation, wenn Desinfektion und Nachspülung von in Betrieb genommenen Rohrleitungsanlagen nach Abschnitt 4.2.25 erfolgen sollen.
0.2.30	Angebot eines **Instandhaltungs- bzw.** Wartungsvertrages.	**0.2.22**	Angebot eines Wartungsvertrages.
0.2.31	Art und Umfang der dem Auftragnehmer für die Beurteilung und Ausführung der Anlagen zu liefernden Planungsunterlagen und Berechnungen.	**0.2.23**	Art und Umfang der dem Auftragnehmer für die Beurteilung und Ausführung der Anlagen zu liefernden Planungsunterlagen und Berechnungen.
0.2.32	Anfall und Behandlung aggressiver und kontaminierter Medien.	**0.2.24**	Anfall und Behandlung aggressiver und kontaminierter Medien.
0.2.33	Möglichkeiten zur **Aufnahme** von Kräften **hängender** Bauteile und Apparate.	**0.2.25**	Möglichkeiten zur Abnahme von Kräften wandhängender Bauteile und Apparate in Wände.

ATV DIN 18381, September 2016		ATV DIN 18381, September 2012	
Abschnitt	**Text**	**Abschnitt**	**Text**
0.2.34	Art und Umfang von Zustandsprüfungen vorhandener Gas-, Wasser- und Entwässerungsleitungen sowie **Anlagenteile**.	**0.2.26**	Art und Umfang von Zustandsprüfungen vorhandener Gas-, Wasser- und Entwässerungsleitungen.
0.2.35	Art und Umfang der Kennzeichnung von Rohrleitungen.	**0.2.27**	Art und Umfang der Kennzeichnung von Rohrleitungen.
		0.2.28	Vorgesehene Wandbeläge, z. B. keramische Fliesen, Marmor.
0.2.36	Lage der Anschlüsse für Armaturen und Abläufe, z. B. im Fliesenraster.	**0.2.29**	Lage der Anschlüsse für Armaturen und Abläufe, z. B. im Fliesenraster.
0.2.37	Bauteilfertigung nach Ausführungsplan oder nach örtlichem Aufmaß.	**0.2.30**	Bauteilfertigung nach Ausführungsplan oder nach örtlichem Aufmaß.
0.2.38	Art, Beschaffenheit und Festigkeit des Untergrundes, **z. B. Stahl, Beton, verputztes oder unverputztes Mauerwerk, Holz. Vorgesehene Wand- und Bodenbeläge**.	**0.2.31**	Art, Beschaffenheit und Festigkeit des Untergrundes.
0.2.39	Anzahl, Art, Maße und Ausbildung von Abschlüssen und Anschlüssen an angrenzende Bauteile, z. B. luftdichte Anschlüsse.	**0.2.32**	Anzahl, Art, Maße und Ausbildung von Abschlüssen und Anschlüssen an angrenzende Bauteile, z. B. luftdichte Anschlüsse.
0.2.40	Art, Lage, Maße und Ausbildung von Bewegungs-, Bauwerks- und Bauteilfugen.	**0.2.33**	Art, Lage, Maße und Ausbildung von Bewegungs-, Bauwerks- und Bauteilfugen.
0.2.41	Anzahl, Art, Lage und Maße von herzustellenden oder zu schließenden Aussparungen.	**0.2.34**	Anzahl, Art, Lage und Maße von herzustellenden oder zu schließenden Aussparungen.
0.2.42	Anzahl, Art, Lage, Maße und Massen von Installations- und Einbauteilen.	**0.2.35**	Anzahl, Art, Lage, Maße und Massen von Installations- und Einbauteilen.
0.2.43	**Anzahl, Art und Lage von Probeentnahmestellen der Trinkwasserversorgung**.		

ATV DIN 18381, September 2016		ATV DIN 18381, September 2012	
Abschnitt	**Text**	**Abschnitt**	**Text**
0.2.44	Gestaltung und Einteilung von Flächen sowie Raster- und Fugenausbildung.	**0.2.36**	Gestaltung und Einteilung von Flächen sowie Raster- und Fugenausbildung.
0.2.45	Anzahl, Art, Lage, Maße und Beschaffenheit von geneigten, gebogenen oder andersartig geformten Flächen.	**0.2.37**	Anzahl, Art, Lage, Maße und Beschaffenheit von geneigten, gebogenen oder andersartig geformten Flächen.
		0.2.38	Vorgezogenes oder nachträgliches Herstellen von Teilen der Leistung.
0.3	Einzelangaben bei Abweichungen von den ATV	**0.3**	Einzelangaben bei Abweichungen von den ATV
0.3.1	Wenn andere als die in dieser ATV vorgesehenen Regelungen getroffen werden sollen, sind diese in der Leistungsbeschreibung eindeutig und im Einzelnen anzugeben.	**0.3.1**	Wenn andere als die in dieser ATV vorgesehenen Regelungen getroffen werden sollen, sind diese in der Leistungsbeschreibung eindeutig und im Einzelnen anzugeben.
0.3.2	Abweichende Regelungen können insbesondere in Betracht kommen bei Abschnitt **3.7**, wenn die geforderten Unterlagen nicht in 3-facher Ausfertigung in **Papierform** und in **deutscher Sprache geliefert werden sollen, sondern in größerer Stückzahl oder in anderer Form auszuhändigen sind, z. B. Zeichnungen unter Glas, auf Datenträger.**	**0.3.2**	Abweichende Regelungen können insbesondere in Betracht kommen bei Abschnitt 3.5, wenn die geforderten Unterlagen nicht in 3-facher Ausfertigung schwarzweiß oder Zeichnungen auch in einfacher Ausfertigung pausfähig geliefert werden sollen, sondern in größerer Stückzahl oder in anderer Form auszuhändigen sind, z. B. Zeichnungen farbig angelegt, unter Glas, auf Datenträger.
0.4	Einzelangaben zu Nebenleistungen und Besonderen Leistungen Keine ergänzende Regelung zur ATV DIN 18299, Abschnitt 0.4.	**0.4**	Einzelangaben zu Nebenleistungen und Besonderen Leistungen Keine ergänzende Regelung zur ATV DIN 18299, Abschnitt 0.4.

ATV DIN 18381, September 2016		ATV DIN 18381, September 2012	
Abschnitt	**Text**	**Abschnitt**	**Text**
0.5	Abrechnungseinheiten Im Leistungsverzeichnis sind die Abrechnungseinheiten wie folgt vorzusehen:	**0.5**	Abrechnungseinheiten Im Leistungsverzeichnis sind die Abrechnungseinheiten wie folgt vorzusehen:
0.5.1	Längenmaß (m), getrennt nach Art und Maßen, für – Tragschalen, – Rohrleitungen, – Befestigungsschienen, – Entwässerungsrinnen einschließlich ihrer Abdeckung, – Verfüllen von Fugen, – Spülen von Rohrleitungen, – Desinfizieren von Rohrleitungen, – Druck-, Dichtheits- und Zustandsprüfungen	**0.5.1**	Längenmaß (m) getrennt nach Art und Maßen, für – Tragschalen, – Rohrleitungen, – Befestigungsschienen, – Entwässerungsrinnen einschließlich ihrer Abdeckung, – Verfüllen von Fugen, – Spülen von Rohrleitungen, – Desinfizieren von Rohrleitungen, – Druck-, Dichtheits- und Zustandsprüfungen.
0.5.2	Anzahl (St), getrennt nach Art und Maßen, für – Rohrbögen, Formstücke, Verbindungs- und Befestigungselemente einschließlich Schweiß-, Löt- und Dichtungsmaterial in Rohrleitungen, – lösbare Verbindungselemente, z. B. Manschetten, Verschraubungen, Flanschverbindungen, – Montageelemente und Rohrverlängerungen, – Ausgleichs- und Verlängerungsstücke für Wandeinbauarmaturen, – Rohrleitungsarmaturen, Sicherungs- und Sicherheitseinrichtungen, Mess- und Zählereinrichtungen sowie Bewegungsausgleicher und Isolierstücke,	**0.5.2**	Anzahl (St), getrennt nach Art und Maßen, für – Rohrbögen, Formstücke, Verbindungs- und Befestigungselemente einschließlich Schweiß-, Löt- und Dichtungsmaterial in Rohrleitungen, – lösbare Verbindungselemente, z. B. Manschetten, Verschraubungen, Flanschverbindungen, – Montageelemente und Rohrverlängerungen, – Ausgleichs- und Verlängerungsstücke für Wandeinbauarmaturen, – Rohrleitungsarmaturen, Sicherungs- und Sicherheitseinrichtungen, Mess- und Zählereinrichtungen sowie Bewegungsausgleicher und Isolierstücke,

ATV DIN 18381, September 2016		ATV DIN 18381, September 2012	
Abschnitt	**Text**	**Abschnitt**	**Text**
	– Anschlussschläuche, – Anschlüsse an andere Rohrwerkstoffe, Anlagenteile und Geräte, – zusätzliche Prüfungen der Schweiß- und Lötnähte, z. B. Ultraschallprüfungen, – Passstücke bis zu einer Länge von 50 cm in Entwässerungsleitungen, – Entwässerungsgegenstände, z. B. Bodenabläufe, Abwasserhebeanlagen, Abscheider, Entwässerungsrinnen, – Schächte und Abdeckungen, – Wand- und Deckendurchführungen mit besonderen Anforderungen, – Einzelbefestigungen von Rohrleitungen, – **Widerlager, Rohrleitungsfestpunkte, Rohrlager mit Gleit- oder Rollenelementen, Tragschalen, Konsolen, Stützgerüste**, – Verteiler, Sammler, – Anbohrungen, – vorgefertigte Installationselemente oder Installationseinheiten, Traggerüste sowie andere Konstruktionen für Vorwand-Installationen, – Sanitär-Einrichtungen, Armaturen, Gasgeräte, Pumpen, Regel- und Absperreinrichtungen, Revisionsrahmen sowie ähnliche Anlagenteile, – Funktions-, Bezeichnungs- und Hinweisschilder,		– Anschlussschläuche, – Anschlüsse an andere Rohrwerkstoffe, Anlagenteile und Geräte, – zusätzliche Prüfungen der Schweiß- und Lötnähte, z. B. Ultraschallprüfungen, – Passstücke bis zu einer Länge von 50 cm in Entwässerungsleitungen, – Entwässerungsgegenstände, z. B. Bodenabläufe, Abwasserhebeanlagen, Abscheider, Entwässerungsrinnen, – Schächte und Abdeckungen, – Wand- und Deckendurchführungen mit besonderen Anforderungen, – Einzelbefestigungen von Rohrleitungen, z. B. Tragkonstruktionen, Festpunkte, – Verteiler, Sammler, – Anbohrungen, – vorgefertigte Installationselemente oder Installationseinheiten, Traggerüste sowie andere Konstruktionen für Vorwand-Installationen, – Sanitär-Einrichtungen, Armaturen, Gasgeräte, Pumpen, Regel- und Absperreinrichtungen, Revisionsrahmen sowie ähnliche Anlagenteile, – Funktions-, Bezeichnungs- und Hinweisschilder,

ATV DIN 18381, September 2016		ATV DIN 18381, September 2012	
Abschnitt	**Text**	**Abschnitt**	**Text**
	– Bauteile für Schallschutzmaßnahmen, z. B. zur Körperschalldämmung, – Bauteile für Brandschutzmaßnahmen, – Spülen von Entnahmestellen, – Desinfizieren von Entnahmestellen, – besondere Druckprüfungen von Apparaturen und Armaturen		– Bauteile für Schallschutzmaßnahmen, z. B. zur Körperschalldämmung, – Bauteile für Brandschutzmaßnahmen, – Spülen von Entnahmestellen, – Desinfizieren von Entnahmestellen, – besondere Druckprüfungen von Apparaturen und Armaturen.
0.5.3	Masse (kg, t), getrennt nach Art und Maßen, für besondere Befestigungskonstruktionen, z. B. Tragkonstruktionen, Festpunkte.	**0.5.3**	Masse (kg, t) getrennt nach Art und Maßen, für besondere Befestigungskonstruktionen, z. B. Tragkonstruktionen, Festpunkte.
1	Geltungsbereich	**1**	Geltungsbereich
1.1	Die ATV DIN 18381 „Gas-, Wasser- und Entwässerungsanlagen innerhalb von Gebäuden“ gilt für das Herstellen von Gas-, Wasser- und Entwässerungsanlagen innerhalb von Gebäuden und anderen Bauwerken.	**1.1**	Die ATV DIN 18381 „Gas-, Wasser- und Entwässerungsanlagen innerhalb von Gebäuden“ gilt für das Herstellen von Gas-, Wasser- und Entwässerungsanlagen innerhalb von Gebäuden und anderen Bauwerken.
1.2	Die ATV DIN 18381 gilt nicht für – Entwässerungskanalarbeiten (siehe ATV DIN 18306 „Entwässerungskanalarbeiten“) sowie – Druckrohrleitungsarbeiten außerhalb von Gebäuden (siehe ATV DIN 18307 „Druckrohrleitungsarbeiten außerhalb von Gebäuden“).	**1.2**	Die ATV DIN 18381 gilt nicht für – Entwässerungskanalarbeiten (siehe ATV DIN 18306 „Entwässerungskanalarbeiten“) sowie, – Druckrohrleitungsarbeiten außerhalb von Gebäuden (siehe ATV DIN 18307 „Druckrohleitungsarbeiten außerhalb von Gebäuden“).
1.3	Ergänzend gilt die ATV DIN 18299 „Allgemeine Regelungen für Bauarbeiten jeder Art“, Abschnitte 1 bis 5. Bei Widersprüchen gehen die Regelungen der ATV DIN 18381 vor.	**1.3**	Ergänzend gilt die ATV DIN 18299 „Allgemeine Regelungen für Bauarbeiten jeder Art“, Abschnitte 1 bis 5. Bei Widersprüchen gehen die Regelungen der ATV DIN 18381 vor.

ATV DIN 18381, September 2016		ATV DIN 18381, September 2012	
Abschnitt	**Text**	**Abschnitt**	**Text**
2	Stoffe, Bauteile Ergänzend zur ATV DIN 18299, Abschnitt 2, gilt:	2	Stoffe, Bauteile Ergänzend zur ATV DIN 18299, Abschnitt 2, gilt:
2.1	Allgemeines Sofern es der Verwendungszweck erfordert, müssen Stoffe und Bauteile korrosionsgeschützt sein. **Maschinelle Bauteile und Wärmeübertrager müssen mit Typ- und Leistungsschildern versehen sein**. Beschilderungen an Bauteilen, z. B. Schilder, Skalen, Hinweise, müssen in deutscher Sprache und entsprechend dem „Gesetz über die Einheiten im Messwesen **und die Zeitbestimmung (Einheiten- und Zeitgesetz – EinhZeitG)“ ausgeführt sein**. **Für die gebräuchlichsten Stoffe und Bauteile sind die DIN-Normen und weitere Anforderungen nachstehend aufgeführt.** DIN 1986-4 Entwässerungsanlagen für Gebäude und Grundstücke – Teil 4: Verwendungsbereiche von Abwasserrohren und -formstücken verschiedener Werkstoffe DIN 1986-100 Entwässerungsanlagen für Gebäude und Grundstücke – Teil 100: Bestimmungen in Verbindung mit DIN EN 752 und DIN EN 12056 DIN 1988-200 Technische Regeln für Trinkwasser-Installationen – Teil 200: Installation Typ A (geschlossenes System) – Planung, Bauteile, Apparate, Werkstoffe; Technische Regel des DVGW	2.1	Allgemeines Sofern es der Verwendungszweck erfordert, müssen Stoffe und Bauteile korrosionsgeschützt sein. Beschilderungen an Bauteilen, z. B. Schilder, Skalen, Hinweise, müssen in deutscher Sprache und entsprechend dem „Gesetz über Einheiten im Messwesen“ ausgeführt sein. Für die Verwendung von Stoffen und Bauteilen gelten insbesondere die folgenden Technischen Regeln: DIN 1986-100 Entwässerungsanlagen für Gebäude und Grundstücke – Teil 100: Bestimmungen in Verbindung mit DIN EN 752 und DIN EN 12056 DIN 1986-4 Entwässerungsanlagen für Gebäude und Grundstücke – Teil 4: Verwendungsbereiche von Abwasserrohren und -Formstücken verschiedener Werkstoffe DIN 1988-2 Beiblatt 1 Technische Regeln für Trinkwasserinstallationen (TRWI) – Zusammenstellung von Normen und anderen Technischen Regeln über Werkstoffe, Bauteile und Apparate; Technische Regel des DVGW DIN 1988-200 Technische Regeln für Trinkwasser-Installationen – Teil 200: Installation Typ A (geschlossenes System) – Planung, Bauteile, Apparate, Werkstoffe; Technische Regel des DVGW

ATV DIN 18381, September 2016		ATV DIN 18381, September 2012	
Abschnitt	**Text**	**Abschnitt**	**Text**
	DIN 1988-600 Technische Regeln für Trinkwasser-Installationen – Teil 600: Trinkwasser-Installationen in Verbindung mit Feuerlösch- und Brandschutzanlagen – Technische Regel des DVGW DIN EN 12056-1 Schwerkraftentwässerungsanlagen innerhalb von Gebäuden – Teil 1: Allgemeines und Ausführungsanforderungen DVGW-Arbeitsblatt G 600, DVGW-TRGI Technische Regeln für Gas-installationen **DVFG-TRF 2012 Technische Regeln Flüssiggas**		DIN 1988-600 Technische Regeln für Trinkwasser-Installationen – Teil 600: Trinkwasser-Installation in Verbindung mit Feuerlösch- und Brandschutzanlagen – Technische Regel des DVGW DIN EN 12056-1 Schwerkraftentwässerungsanlagen innerhalb von Gebäuden – Teil 1: Allgemeines und Ausführungsanforderungen Technische Regeln für Gasinstallationen (DVGW-Arbeitsblatt G 600, DVGW-TRGI). Technische Regeln Flüssiggas (TRF) Für die gebräuchlichsten Stoffe und Bauteile sind die DIN-Normen und sonstigen Technischen Regeln nachstehend aufgeführt.
2.2	Mess-, Steuer- und Regeleinrichtungen, Gebäudeautomation	**2.2**	Mess-, Steuer- und Regeleinrichtungen, Gebäudeautomation Normen der Reihe DIN EN 60051 Direkt wirkende anzeigende elektrische Messgeräte und ihr Zubehör – Messgeräte mit Skalenanzeige Elektrische Messgeräte müssen der Genauigkeitsklasse E-1,5 nach DIN EN60051-1 „Direkt wirkende anzeigende elektrische Messgeräte und ihr Zubehör – Messgeräte mit Skalenanzeige – Teil 1: Definitionen und allgemeine Anforderungen für alle Teile dieser Norm“ entsprechen.

ATV DIN 18381, September 2016		ATV DIN 18381, September 2012	
Abschnitt	**Text**	**Abschnitt**	**Text**
			DIN EN 60529 (VDE 0470-1) Schutzarten durch Gehäuse (IP-Code) Schaltschränke müssen mindestens der Schutzart IP 43 entsprechen.
2.2.1	**Elektrische Messgeräte müssen der Genauigkeitsklasse E-1,5 nach DIN EN 60051-1 „Direkt wirkende anzeigende elektrische Messgeräte und ihr Zubehör – Messgeräte mit Skalenanzeige – Teil 1: Definitionen und allgemeine Anforderungen für alle Teile dieser Norm" entsprechen.**		
2.2.2	**Schaltschränke müssen mindestens der Schutzart IP 43 nach DIN EN 60529 (VDE 0470-1) „Schutzarten durch Gehäuse (IP-Code)" entsprechen.**		
2.2.3	**Bei Verwendung von Bauteilen zur Anbindung an die Gebäudeautomation sind die Richtlinien der Reihe VDI 3813 und VDI 3814 „Gebäudeautomation (GA)" zu beachten.**		
3	Ausführung Ergänzend zur ATV DIN 18299, Abschnitt 3, gilt	3	Ausführung Ergänzend zur ATV DIN 18299, Abschnitt 3, gilt
3.1	Allgemeines	3.1	Allgemeines
3.1.1	Die Bauteile von Gas-, Wasser- und Entwässerungsanlagen sind so aufeinander abzustimmen, dass die geforderte Leistung erbracht, die Betriebssicherheit gegeben und ein sparsamer und wirtschaftlicher Betrieb möglich ist. Hygienische Anforderungen müssen erfüllt und Korrosionsvorgänge sowie Steinbildung weitgehend eingeschränkt werden.	3.1.1	Die Bauteile von Gas-, Wasser- und Entwässerungsanlagen sind so aufeinander abzustimmen, dass die geforderte Leistung erbracht, die Betriebssicherheit gegeben und ein sparsamer und wirtschaftlicher Betrieb möglich ist sowie die hygienischen Anforderungen erfüllt und Korrosionsvorgänge weitgehend eingeschränkt werden.

ATV DIN 18381, September 2016		ATV DIN 18381, September 2012	
Abschnitt	**Text**	**Abschnitt**	**Text**
3.1.2	Der Auftragnehmer hat dem Auftraggeber vor Beginn der Montagearbeiten alle Angaben zu machen, die für den ungehinderten Einbau und ordnungsgemäßen Betrieb der Anlagen notwendig sind. Der Auftragnehmer hat nach den Planungsunterlagen und Berechnungen des Auftraggebers die für die Ausführung erforderliche Montage- und Werkstattplanung zu erbringen und, soweit erforderlich, mit dem Auftraggeber abzustimmen. Dazu gehören insbesondere: – Montagepläne, – Werkstattzeichnungen, – Stromlaufpläne, – Fundamentpläne. Der Auftragnehmer hat dem Auftraggeber rechtzeitig Angaben über die – Massen der Einbauteile, – Stromaufnahme und gegebenenfalls den Anlaufstrom der elektrischen Bauteile und – sonstigen Erfordernisse für den Einbau zu machen. Zu den für die Ausführung nötigen, vom Auftraggeber zu übergebenden Unterlagen (siehe § 3 Abs. 1 VOB/B) gehören **insbesondere**: – Ausführungspläne als Grundrisse, **Funktions- und** Strangschemata sowie Schnitte mit Dimensionsangaben,	**3.1.2**	Der Auftragnehmer hat dem Auftraggeber vor Beginn der Montagearbeiten alle Angaben zu machen, die für den ungehinderten Einbau und ordnungsgemäßen Betrieb der Anlagen notwendig sind. Der Auftragnehmer hat nach den Planungsunterlagen und Berechnungen des Auftraggebers die für die Ausführung erforderliche Montage- und Werkstattplanung zu erbringen und, soweit erforderlich, mit dem Auftraggeber abzustimmen. Dazu gehören insbesondere: – Montagepläne, – Werkstattzeichnungen, – Stromlaufpläne, – Fundamentpläne. Der Auftragnehmer hat dem Auftraggeber rechtzeitig Angaben über die – Massen der Einbauteile, – Stromaufnahme und gegebenenfalls den Anlaufstrom der elektrischen Bauteile und – sonstigen Erfordernisse für den Einbau zu machen. Zu den für die Ausführung nötigen, vom Auftraggeber zu übergebenden Unterlagen (siehe § 3 Abs. 1 VOB/B) gehören z. B.: – Ausführungspläne als Grundrisse, Strangschemata und Schnitt mit Dimensionsangaben.

ATV DIN 18381, September 2016		ATV DIN 18381, September 2012	
Abschnitt	**Text**	**Abschnitt**	**Text**
	– Anlagenkonzeption mit Regelschemata, – Schlitz- und Durchbruchpläne, – **Berechnungen und jeweils zugehörige Rohrnetz- und Pumpenauslegungen und Auslegungen anderer Bauteile, der energetische Nachweis und die wesentlichen energiebezogenen Merkmale, die der Anlagenaufwandszahl zugrunde liegen,** – **Leistungsdaten von Bauteilen der Anlage, insbesondere auch derjenigen Bauteile, welche durch andere Gewerke hergestellt werden, z. B. Trinkwassererwärmer,** – Angaben zum Schall-, Wärme- und Brandschutz.		– Anlagenkonzeption und Regelschemata – Schlitz- und Durchbruchpläne – Angaben zum Schall-, Wärme- und Brandschutz.
3.1.3	Der Auftragnehmer hat bei der Prüfung der vom Auftraggeber gelieferten Planungsunterlagen und Berechnungen (siehe § 3 Abs. 3 VOB/B) u. a. hinsichtlich der Beschaffenheit und Funktion der Anlagen insbesondere zu achten auf: – die geeignete Bauart und ausreichenden Querschnitt der Abgas-, Zuluft- und Abluftanlagen, z. B. für die Verbrennungsluft oder den Verbrennungsluftverbund, – die Sicherheitseinrichtungen, – die Rohrleitungsquerschnitte, Pumpenauslegungen und Netzhydraulik, – die Mess-, Steuer- und Regeleinrichtungen, – den Schallschutz, – den Wärmeschutz,	**3.1.3**	Der Auftragnehmer hat bei der Prüfung der vom Auftraggeber gelieferten Planungsunterlagen und Berechnungen (siehe § 3 Abs. 3 VOB/B) u. a. hinsichtlich der Beschaffenheit und Funktion der Anlagen insbesondere zu achten auf: – Querschnitte und Ausführungen der Abgas-, Zuluft- und Abluftanlagen, – geeignete Bauart oder ausreichenden Querschnitt der Zuluftöffnungen für die Verbrennungsluft oder den Verbrennungsluftverbund, – Sicherheitseinrichtungen, – Rohrleitungsquerschnitte, Pumpenauslegungen und Netzhydraulik, – Mess-, Steuer- und Regeleinrichtungen, – Schallschutz, – Brandschutz,

ATV DIN 18381, September 2016		ATV DIN 18381, September 2012	
Abschnitt	**Text**	**Abschnitt**	**Text**
	– den Brandschutz, – die Luftdichtheit der Gebäudehülle.		– Wärmeschutz, – die Luftdichtheit der Gebäudehülle.
3.1.4	Als Bedenken nach § 4 Abs. 3 VOB/B können insbesondere in Betracht kommen: – Unstimmigkeiten in den vom Auftraggeber gelieferten Planungsunterlagen und Berechnungen (siehe § 3 Abs. 3 VOB/B), – erkennbar mangelhafte Ausführung, nicht rechtzeitige Fertigstellung oder Fehlen von Fundamenten, Schlitzen und Durchbrüchen, – ungenügende Maßnahmen für den Schall-, Wärme- und Brandschutz, – ungeeignete Bauart der Abgasanlagen und ungeeignetem Querschnitt der Abgasleitungen sowie der Zuluft- und Abluftschächte, – unzureichende Anschlussleistung für Energieträger, – **nicht ausreichender Platz für die Bauteile bzw. für deren Transport zum Einbauort,** – unzureichende Voraussetzungen für die Aufnahme von Reaktionskräften, – fehlende Bezugspunkte, – **ungeeignete Bedingungen, die sich aus der Witterung oder dem Raumklima ergeben (siehe Abschnitt 3.1.5),** – **dem Auftragnehmer bekannt gewordene Änderungen von Voraussetzungen, die der Planung zugrunde gelegen haben.**	**3.1.4**	Der Auftragnehmer hat bei deiner Prüfung Bedenken (siehe § 4 Abs. 3 VOB/B) insbesondere geltend zu machen bei: – Unstimmigkeiten in den vom Auftraggeber gelieferten Planungsunterlagen und Berechnungen (siehe § 3 Abs. 3 VOB/B), – erkennbar mangelhafte Ausführung, nicht rechtzeitige Fertigstellung oder Fehlen von Fundamenten, Schlitzen und Durchbrüchen, – ungenügende Maßnahmen für den Schall-, Wärme- und Brandschutz, – ungeeignete Bauart der Abgasanlagen und ungeeignetem Querschnitt der Abgasleitungen sowie der Zuluft- und Abluftschächte, – unzureichende Anschlussleistung für Energieträger, – nicht ausreichender Platz für die Bauteile, – unzureichende Voraussetzungen für die Aufnahme von Reaktionskräften, – fehlende Bezugspunkte – ungeeignete klimatischen Bedingungen (siehe Abschnitt 3.1.5), – ihm bekannt gewordenen Änderungen von Voraussetzungen, die der Planung zugrunde gelegen haben.

ATV DIN 18381, September 2016		ATV DIN 18381, September 2012	
Abschnitt	**Text**	**Abschnitt**	**Text**
3.1.5	Bei ungeeigneten Bedingungen, **die sich aus der Witterung oder dem Raumklima ergeben, z. B. Temperaturen unter 5 °C** bei Klebearbeiten von Kunststoffrohren, sind in Abstimmung mit dem Auftraggeber besondere Maßnahmen zu ergreifen. Sollten hierfür Leistungen erforderlich werden, sind diese Besondere Leistungen (siehe Abschnitt 4.2.38).	**3.1.5**	Bei ungeeigneten klimatischen Bedingungen, z. B. bei Klebearbeiten von Kunststoffrohren Temperaturen unter 5 °C, sind in Abstimmung mit dem Auftraggeber besondere Maßnahmen zu ergreifen. Die zu treffenden Maßnahmen sind Besondere Leistungen (siehe Abschnitt 4.2.32).
3.1.6	Bleibt die Leitungsführung dem Auftragnehmer überlassen, hat dieser **hierfür** Ausführungspläne zu erstellen. **Diese sind mit dem Auftraggeber vor Ausführung abzustimmen**, damit die erforderlichen Fundament-, Schlitz-, Durchbruch- und Montagepläne erstellt werden können. **Diese Leistungen sind Besondere Leistungen (siehe Abschnitt 4.2.1).**	**3.1.6**	Bleibt die Leistungsführung dem Auftragnehmer überlassen, hat dieser rechtzeitig einen Ausführungsplan zu erstellen und mit dem Auftraggeber abzustimmen, damit die erforderlichen Fundament-, Schlitz-, Durchbruch- und Montagepläne erstellt werden können.
3.1.7	**Bei Veränderungen, die vorhandene elektrische Schutzmaßnahmen an bestehenden Anlagen beeinträchtigen könnten, z. B. Einbau von Isolierstücken, hat der Auftragnehmer den Auftraggeber darauf hinzuweisen, dass durch einen zugelassenen Elektroinstallateur geprüft werden muss, ob durch die vorgesehenen Arbeiten die Schutzmaßnahmen beeinträchtigt werden.**		.
3.1.8	Der Auftragnehmer hat die für die Ausführung erforderlichen Genehmigungen und Abnahmen zu veranlassen.	**3.1.7**	Der Auftragnehmer hat die für die Ausführung erforderlichen Genehmigungen und Abnahmen zu veranlassen.
		3.1.8	Die technischen Anschlussbedingungen der Netzbetreiber sind zu beachten.

ATV DIN 18381, September 2016		ATV DIN 18381, September 2012	
Abschnitt	**Text**	**Abschnitt**	**Text**
		3.1.9	Rohrleitungen mit nicht längskraftschlüssigen Verbindungen, z. B. Steckmuffen, Verbindungen muffenloser Rohre, in denen planmäßig Innendruck herrscht oder durch besondere Betriebszustände entstehen kann, sind, vor allem bei Richtungsänderungen, gegen Auseinandergleiten zu sichern.
		3.1.10	Reaktionskräfte aus Bewegungsausgleichern oder Schwingungsdämpfern sind durch Rohrleitungsfestpunkte aufzunehmen; bauartbedingt ist eine axiale Führung der Rohrleitung sicherzustellen.
3.1.9	**Stemm-, Fräs- und Bohrarbeiten am Bauwerk dürfen nur in Abstimmung mit dem Auftraggeber ausgeführt werden.**	**3.1.13**	Stemm-, Fräs- und Bohrarbeiten am Bauwerk dürfen nur im Einvernehmen mit dem Auftraggeber ausgeführt werden. Bei derartigen Arbeiten am Mauerwerk sind DIN EN 1996-1-1 „Eurocode 6: Bemessung und Konstruktion von Mauerwerksbauten – Teil 1-1: Allgemeine Regeln für bewehrtes und unbewehrtes Mauerwerk“, DIN EN 1996-1-1/NA „Nationaler Anhang – National festgelegte Parameter – Eurocode 6: Bemessung und Konstruktion von Mauerwerksbauten – Teil 1-1: Allgemeine Regeln für bewehrtes und unbewehrtes Mauerwerk“, DIN EN 1996-2 „Eurocode 6: Bemessung und Konstruktion von Mauerwerksbauten – Teil 2: Planung, Auswahl der Baustoffe und Ausführung von Mauerwerk“,

ATV DIN 18381, September 2016		ATV DIN 18381, September 2012	
Abschnitt	**Text**	**Abschnitt**	**Text**
			DIN EN 1996-2/NA „Nationaler Anhang – National festgelegte Parameter – Eurocode 6: Bemessung und Konstruktion von Mauerwerksbauten – Teil 2: Planung, Auswahl der Baustoffe und Ausführung von Mauerwerk“, DIN EN 1996-3 „Eurocode 6: Bemessung und Konstruktion von Mauerwerksbauten – Teil 3: Vereinfachte Berechnungsmethoden für unbewehrte Mauerwerksbauten“, DIN EN 1996-3/NA „Nationaler Anhang – National festgelegte Parameter – Eurocode 6: Bemessung und Konstruktion von Mauerwerksbauten – Teil 3: Vereinfachte Berechnungsmethoden für unbewehrte Mauerwerksbauten“, zu beachten.
3.1.10	Müssen auftretende Reaktionskräfte in das Bauwerk abgeleitet werden, sind die Kräfte vom Auftragnehmer zu ermitteln und dem Auftraggeber vor Ausführung der Leistung bekannt zu geben	**3.1.11**	Müssen auftretende Reaktionskräfte in das Bauwerk abgeleitet werden, sind die Kräfte vom Auftragnehmer zu ermitteln und dem Auftraggeber vor Ausführung der Leistung bekannt zu geben

ATV DIN 18381, September 2016		ATV DIN 18381, September 2012	
Abschnitt	**Text**	**Abschnitt**	**Text**
		3.1.12	Bei Veränderungen, die vorhandene elektrische Schutzmaßnahmen an bestehenden Anlagen beeinträchtigen könnten, z. B. Einbau von Isolierstücken, hat der Auftragnehmer den Auftraggeber darauf hinzuweisen, dass durch einen zugelassenen Elektroinstallateur geprüft werden muss, ob durch die vorgesehenen Arbeiten die Schutzmaßnahmen beeinträchtigt werden.
		3.1.14	Stoffe, die zerstörend auf Anlagenteile wirken können, z. B. Gips oder chloridhaltige Schnellbinder in direkter Verbindung mit Metallteilen, dürfen nicht verwendet werden.
		3.1.15	Der Auftragnehmer hat, bevor die fertigen Anlagen in Betrieb genommen werden, eine Prüfung auf Funktionsfähigkeit durchzuführen.
3.2	Anforderungen	**3.2**	Anforderungen
3.2.1	Allgemeines Für die Ausführung gelten die im Abschnitt 2 aufgeführten Technischen Regeln sowie:	**3.2.1**	Allgemeines Für die Ausführung gelten die im Abschnitt 2 aufgeführten Technischen Regeln sowie:
		3.2.1.1	Gas-Installationen DIN EN 1775 Gasversorgung – Gasleitungsanlagen für Gebäude – Maximal zulässiger Betriebsdruck kleiner oder gleich 5 bar – Funktionale Empfehlungen Technische Regeln für Gasinstallationen (DVGW-TRGI) Technische Regeln Flüssiggas (TRF)

ATV DIN 18381, September 2016		ATV DIN 18381, September 2012	
Abschnitt	**Text**	**Abschnitt**	**Text**
3.2.1.1	Trinkwasser-Installationen DIN 1988 (alle Teile) Technische Regeln für Trinkwasser-Installation (TRWI) DIN EN 806 (alle Teile) Technische Regeln für Trinkwasser-Installationen DIN EN 1717 Schutz des Trinkwassers vor Verunreinigungen in Trinkwasser-Installationen und allgemeine Anforderungen an Sicherheitseinrichtungen zu Verhütung von Trinkwasserverunreinigungen durch Rückfließen; Technische Regel des DVGW DVGW W 551 Trinkwassererwärmungs- und Trinkwasserleitungsanlagen – Technische Maßnahmen zur Verminderung des Legionellenwachstums – Planung, Errichtung, Betrieb und Sanierung von Trinkwasser-Installationen	**3.2.1.2**	Trinkwasser-Installationen DIN 1988 Technische Regeln für Trinkwasser-Installation (TRWI) DIN V 4701-10 Energetische Bewertung heiz- und raumlufttechnischer Anlagen – Teil 10: Heizung, Trinkwassererwärmung, Lüftung DIN V 4702-12 Energetische Bewertung heiz- und raumlufttechnischer Anlagen im Bestand – Teil 12: Wärmeerzeuger und Trinkwassererwärmung PAS 1027 Energetische Bewertung heiz- und raumlufttechnischer Anlagen im Bestand, Ergänzung zur DIN 4701-12 Blatt 1 Normen der Reihe DIN V 18599 Energetische Bewertung von Gebäuden, Berechnung des Nutz-, End- und Primärenergiebedarfs für Heizung, Kühlung, Lüftung, Trinkwarmwasser und Beleuchtung Normen der Reihe DIN EN 806 Technische Regeln für Trinkwasser-Installation DIN EN 1717 Schutz des Trinkwassers vor Verunreinigungen in Trinkwasserinstallationen und allgemeine Anforderungen an Sicherheitseinrichtungen zu Verhütung von Trinkwasserverunreinigungen durch Rückfließen; Technische Regel des DVGW

ATV DIN 18381, September 2016		ATV DIN 18381, September 2012	
Abschnitt	**Text**	**Abschnitt**	**Text**
			DVGW W 551 Trinkwassererwärmungs- und Trinkwasserleitungsanlagen – Technische Maßnahmen zur Verminderung des Legionellenwachstums – Planung, Errichtung, Betrieb und Sanierung von Trinkwasser-Installationen DVGW W 553 Bemessung von Zirkulationssystemen in zentralen Trinkwassererwärmungsanlagen
3.2.1.2	Entwässerungsanlagen DIN 1986 **(alle Teile)** Entwässerungsanlagen für Gebäude und Grundstücke DIN EN 1610 Verlegung und Prüfung von Abwasserleitungen und -kanälen DIN EN 12056 (alle Teile) Schwerkraftentwässerungsanlagen innerhalb von Gebäuden	**3.2.1.3**	Entwässerungsanlagen DIN 1986-100 Entwässerungsanlagen für Gebäude und Grundstücke – Teil 100: Bestimmungen in Verbindung mit DIN EN 752 und DIN EN 12056 DIN 1986-3 Entwässerungsanlagen für Gebäude und Grundstücke – Teil 3: Regeln für Betrieb und Wartung DIN 1986-4 Entwässerungsanlagen für Gebäude und Grundstücke – Teil 4: Verwendungsbereiche von Abwasserrohren und -formstücken verschiedener Werkstoffe DIN 1986-30 Entwässerungsanlagen für Gebäude und Grundstücke – Teil 30: Instandhaltung DIN EN 1610 Verlegung und Prüfung von Abwasserleitungen und -kanälen Norme der Reihe DIN EN 12056 Schwerkraftentwässerungsanlagen innerhalb von Gebäuden

ATV DIN 18381, September 2016		ATV DIN 18381, September 2012	
Abschnitt	**Text**	**Abschnitt**	**Text**
		3.2.1.4	Anlagen zur Regennutzung DIN 1989-1 Regenwassernutzungsanlagen – Teil 1: Planung, Ausführung, Betrieb und Wartung
3.2.1.3	**Anlagen zur Ver- und Entsorgung** **TAB Technische Anschlussbedingungen der örtlichen Ver- und Entsorgungsunternehmen.**		
3.2.2	**Dämmung** und Brandschutz **Teile der Anlage, die eine Ummantelung/Dämmung erhalten sollen, sind so zu installieren, dass diese Leistung ordnungsgemäß ausgeführt werden kann.**	**3.2.1.6**	Brandschutz Normen der Reihe DIN 4102 Brandverhalten von Baustoffen und Bauteilen
3.2.3	Schallschutz **Wenn Schallschutzmaßnahmen an der Anlage auszuführen sind, müssen sie den Anforderungen der DIN 4109 „Schallschutz im Hochbau; Anforderungen und Nachweise“ entsprechen.**	**3.2.1.5**	Schallschutz DIN 4109 Schallschutz im Hochbau – Anforderungen und Nachweise DIN 4109/A1 Schallschutz im Hochbau – Anforderungen und Nachweise, Änderung A1 DIN 4109 Beiblatt 1 Schallschutz im Hochbau – Ausführungsbeispiele und Rechenverfahren
3.2.4	**Anzeige, Erlaubnis, Genehmigung und Prüfung** **Die für die behördlich vorgeschriebenen Anzeigen oder Anträge notwendigen zeichnerischen und sonstigen Unterlagen sowie Bescheinigungen sind entsprechend der für die Anzeige-, Erlaubnis- oder Genehmigungspflicht vorgeschriebenen Anzahl vom Auftragnehmer dem Auftraggeber zur Verfügung zu stellen. Dies gilt nicht, wenn die Prüfvorschriften für Anlagenteile eine dauerhafte Kennzeichnung statt einer Bescheinigung zulassen.**		

ATV DIN 18381, September 2016		ATV DIN 18381, September 2012	
Abschnitt	**Text**	**Abschnitt**	**Text**
3.3	Mess-, Steuer- und Regeleinrichtungen, Gebäudeautomation	3.3	Mess-, Steuer- und Regeleinrichtungen, Gebäudeautomation
3.3.1	Stellglieder der Regelstrecken **von funktional eigenständigen Einrichtungen, welche in Anlagen eingebaut werden, die nicht zur vertraglichen Leistung gehören, sind** vom Auftragnehmer mit dem Verantwortlichen für die betreffende Anlage abzustimmen.	3.3.1	Stellglieder der Regelstrecken, die in Anlagen eingebaut werden, die nicht zur vertraglichen Leistung gehören, sind vom Auftragnehmer zu bemessen und zu liefern. Die Bemessung der Stellglieder ist vom Auftragnehmer mit dem Verantwortlichen für die betreffende Anlage abzustimmen.
3.3.2	Messwertgeber sind an dafür geeigneten Stellen so einzubauen, dass der Messwert richtig erfasst wird.	3.3.2	Messwertgeber sind an dafür geeigneten Stellen so einzubauen, dass der Messwert richtig erfasst wird.
3.3.3	Anzeigegeräte müssen gut ablesbar, zu betätigende Geräte leicht zugänglich und bedienbar sein.	3.3.3	Anzeigegeräte müssen gut ablesbar, zu betätigende Geräte leicht zugänglich und bedienbar sein.
3.3.4	**Der Auftragnehmer hat bei der Prüfung und Inbetriebnahme der von ihm vorgenommenen elektrischen Verkabelung sowie der von ihm erstellten Steuer- und Regelanlage eine mit Anlagen dieser Art vertraute Fachkraft zur Verfügung zu stellen.** **Gehört die elektrische Verkabelung oder die Steuer- und Regeltechnik nicht zu den vertraglichen Leistungen, so ist das Abstellen einer Fachkraft während der Prüfung oder der Inbetriebnahme eine Besondere Leistung (siehe Abschnitt 4.2.16).**		
		3.4	Einweisung Das Bedienungs- und Wartungspersonal für die Anlagen sind durch den Auftragnehmer einmal einzuweisen.

ATV DIN 18381, September 2016		ATV DIN 18381, September 2012	
Abschnitt	**Text**	**Abschnitt**	**Text**
3.4	Druckprüfung		
3.4.1	Der Auftragnehmer hat die Anlage nach dem Einbau und vor dem Schließen der Mauerschlitze und Wand- und Deckendurchbrüche sowie gegebenenfalls vor dem Aufbringen des Estrichs oder einer anderen Überdeckung einer Druckprüfung zu unterziehen.		
3.4.2	Die Druckprüfung ist entsprechend den geltenden Regelwerken in Abhängigkeit von der Anlagenart und der Werkstoffe der zu prüfenden Rohrleitungen und Anlagenteile durchzuführen.		
3.4.3	Über die Druckprüfungen sind Protokolle zu erstellen. Aus ihnen müssen hervorgehen: – Datum der Prüfung, – Anlagendaten wie Aufstellungsort, Betriebsmedium, – Prüfdruck und Prüfmedium, – Dauer der Belastung mit dem Prüfdruck, – Bestätigung, dass die Anlage dicht ist und an keinem Bauteil eine bleibende Formänderung aufgetreten ist.		
3.5	Einstellen der Anlage		
3.5.1	Der Auftragnehmer hat die Anlagenteile so einzustellen, dass die geplanten Funktionen und Leistungen erbracht und die gesetzlichen Bestimmungen erfüllt werden.		

ATV DIN 18381, September 2016		ATV DIN 18381, September 2012	
Abschnitt	Text	Abschnitt	Text
	Der Abgleich von Durchflussmengen, z. B. hydraulischer Abgleich bei Trinkwasserzirkulationssystemen, ist mit den rechnerisch ermittelten Einstellwerten so vorzunehmen, dass ein bestimmungsgemäßer Betrieb sichergestellt ist.		
3.5.2	Das Bedienungs- und Wartungspersonal für die Anlage ist durch den Auftragnehmer einmal einzuweisen.		
3.6	Abnahme Es ist zur Abnahme eine Vollständigkeits- und Funktionsprüfung durchzuführen, eine Funktionsmessung jedoch nur nach besonderer Vereinbarung.		
3.6.1	Vollständigkeitsprüfung Die Vollständigkeitsprüfung besteht aus folgenden Einzelprüfungen: – Vergleich der Lieferung mit der Leistungsbeschreibung sowohl hinsichtlich des Umfanges als auch der Stoffe und gegebenenfalls der Eigenschaften und Ersatzteile, – Prüfung auf Einhaltung technischer und behördlicher Vorschriften, – Prüfung, ob alle für das Betreiben der Anlage notwendigen Unterlagen vorhanden sind.		

ATV DIN 18381, September 2016		ATV DIN 18381, September 2012	
Abschnitt	**Text**	**Abschnitt**	**Text**
3.6.2	**Funktionsprüfung** **Die Funktionsprüfung der Gesamtanlage ist im Rahmen der Inbetriebnahme durchzuführen. Sie umfasst nach den Erfordernissen des Einzelfalls:** – **die Sicherheits- und Schutzeinrichtungen,** – **die Hygieneanforderungen,** – **die Regel- und Schalteinrichtungen.**		
3.7	Mitzuliefernde Unterlagen Der Auftragnehmer hat folgende Unterlagen aufzustellen und dem Auftraggeber spätestens bei der Abnahme **nach folgender Sortierung zu übergeben**: – elektrische Übersichtsschaltpläne und Anschlusspläne nach DIN EN 61082-1 (VDE 0040-1) „Dokumente der Elektrotechnik – Teil 1: Regeln“, – Zusammenstellungen der wichtigsten technischen Daten, – **Kopien der vorgeschriebenen Prüf- und Herstellerbescheinigungen, Verwendbarkeitsnachweise, Fachunternehmererklärungen,** – alle für einen sicheren und wirtschaftlichen Betrieb erforderlichen Bedienungs- und Wartungsanleitungen, – **Protokolle über die Druck- und Dichtheitsprüfung von Trinkwasser- und Gasleitungen,** – Protokoll über die Einweisung des Wartungs- und Bedienungspersonals, – **Protokoll über die Abgasmessung**.	3.5	Mitzuliefernde Unterlagen Der Auftragnehmer hat folgende Unterlagen aufzustellen und dem Auftraggeber spätestens bei der Abnahme zu übergeben: – Anlagenschemata – elektrische Übersichtsschaltpläne und Anschlusspläne nach DIN EN 61082-1 (VDE 0040-1) „Dokumente der Elektrotechnik – Teil 1: Regeln“, – Zusammenstellungen der wichtigsten technischen Daten, – Kopien der vorgeschriebenen Prüf- und Herstellerbescheinigungen, – alle für einen sicheren und wirtschaftlichen Betrieb erforderlichen Bedienungs- und Wartungsanleitungen, – Protokolle über die Dichtheitsprüfung, – Protokoll über die Einweisung des Wartungs- und Bedienungspersonals.

ATV DIN 18381, September 2016		ATV DIN 18381, September 2012	
Abschnitt	**Text**	**Abschnitt**	**Text**
	Die Unterlagen sind dem Auftraggeber in Papierform, 3-fach, in deutscher Sprache, auszuhändigen. Begriffe, Abkürzungen, Kurzzeichen, etc. dürfen entsprechend den normativen Regelwerken verwendet werden.		Die Unterlagen sind in 3-facher Ausfertigung schwarzweiß, Zeichnungen nach Wahl des Auftraggebers stattdessen auch in einfacher Ausfertigung pausfähig, auszuhändigen.
4	Nebenleistungen, Besondere Leistungen	4	Nebenleistungen, Besondere Leistungen
4.1	Nebenleistungen sind ergänzend zur ATV DIN 18299, Abschnitt 4.1, insbesondere:	4.1	Nebenleistungen sind ergänzend zur ATV DIN 18299, Abschnitt 4.1, insbesondere:
		4.1.1	Anzeichnen der Schlitze und Durchbrüche, auch wenn diese von einem anderen Unternehmer ausgeführt werden.
4.1.1	Prüfen der Unterlagen des Auftraggebers nach Abschnitt 3.1.3.	4.1.2	Prüfen der Unterlagen des Auftraggebers nach Abschnitt 3.1.3 und Leistungen nach Abschnitt 3.1.4.
4.1.2	Auf-, **Um-** und Abbauen sowie Vorhalten von Gerüsten **für eigene Leistungen, sofern die zu bearbeitende Fläche nicht höher als 3,50 m über der Standfläche des hierfür erforderlichen Gerüstes liegt.**	4.1.3	Auf- und Abbauen sowie Vorhalten der Gerüste, deren Arbeitsbühnen nicht höher als 2 m über Gelände oder Fußboden liegen.
		4.1.4	Einstellen und Justieren der Anlagen und von Anlagenteilen sowie eine Funktionsprüfung nach Abschnitt 3.1.15.
		4.1.5	Liefern und Einbauen von Wand- und Deckendurchführungen ohne besondere Anforderungen, ausgenommen Leistungen nach Abschnitt 4.2.6.
4.1.3	**Ausgleichen abgestufter oder geneigter Standflächen von Gerüsten bis zu 40 cm Höhenunterschied, z. B. über Treppen oder Rampen.**		

ATV DIN 18381, September 2016		ATV DIN 18381, September 2012	
Abschnitt	**Text**	**Abschnitt**	**Text**
4.1.4	**Typ- und Leistungsschilder**		
4.1.5	**Anschlüsse, Wand- und Deckendurchführungen ohne besondere Anforderungen, ausgenommen Leistungen nach Abschnitt 4.2.9.**		
4.1.6	**Anbringen von Konsolen und Halterungen, ausgenommen Leistungen nach Abschnitt 4.2.11.**		
4.1.7	Schutz von Bau- und Anlagenteilen vor Verunreinigungen und Beschädigungen während der Arbeiten an Gas-, Wasser- und Entwässerungsanlagen durch loses Abdecken, Abhängen oder Umwickeln, ausgenommen Schutzmaßnahmen nach Abschnitt 4.2.**36**.	**4.1.6**	Schutz von Bau- und Anlagenteilen vor Verunreinigungen und Beschädigungen während der Arbeiten an Gas-, Wasser- und Entwässerungsanlagen durch loses Abdecken, Abhängen oder Umwickeln, ausgenommen Schutzmaßnahmen nach Abschnitt 4.2.31.
4.1.8	Vorlegen vorgefertigter Oberflächen- und Farbmuster.	**4.1.7**	Vorlegen vorgefertigter Oberflächen- und Farbmuster.
4.1.9	**Fertigstellen von Bauteilen in mehreren Arbeitsgängen zur Ermöglichung von Arbeiten anderer Unternehmer, soweit die eigenen Leistungen im Zuge gleichartiger Arbeiten kontinuierlich erbracht werden können. Sind diese Voraussetzungen nicht gegeben, handelt es sich um Besondere Leistungen nach Abschnitt 4.2.37.**		
4.2	Besondere Leistungen sind ergänzend zur ATV DIN 18299, Abschnitt 4.2, z. B.:	**4.2**	Besondere Leistungen sind ergänzend zur ATV DIN 18299, Abschnitt 4.2, z. B.:
4.2.1	Planungsleistungen wie Entwurfs-, Ausführungs- und Genehmigungsplanung sowie die Planung von Schlitzen und Durchbrüchen.	**4.2.1**	Planungsleistungen wie Entwurfs-, Ausführungs- und Genehmigungsplanung sowie die Planung von Schlitzen und Durchbrüchen.

ATV DIN 18381, September 2016		ATV DIN 18381, September 2012	
Abschnitt	Text	Abschnitt	Text
		4.2.2	Boden-, Wasser- und Wasserstandsuntersuchungen sowie Prüfungen nach besonderen Verfahren.
4.2.2	**Anzeichnen von Durchbrüchen, wenn deren Ausführung nicht im Leistungsumfang des Auftragnehmers enthalten ist.**		
4.2.3	**Leistungen für besondere Maßnahmen zur Schalldämmung und Schwingungsdämpfung von Anlagenteilen gegen den Baukörper.**		
4.2.4	**Auf-, Um- und Abbauen sowie Vorhalten von Gerüsten für Leistungen anderer Unternehmer.**		
4.2.5	**Auf-, Um- und Abbauen sowie Vorhalten von Gerüsten für eigene Leistungen, sofern die zu bearbeitende Fläche höher als 3,50 m über der Standfläche des hierfür erforderlichen Gerüstes liegt.**		
4.2.6	**Auf-, Um- und Abbauen sowie Vorhalten von Gerüsten mit abgestufter oder geneigter Standfläche, z. B. über Treppen oder Rampen, sofern ein Ausgleich von mehr als 40 cm erforderlich ist.**		
4.2.7	Vorhalten von Aufenthalts- und Lagerräumen, wenn der Auftraggeber Räume, die leicht verschließbar gemacht werden können, nicht zur Verfügung stellt.	4.2.3	Vorhalten von Aufenthalts- und Lagerräumen, wenn der Auftraggeber Räume, die leicht verschließbar gemacht werden können, nicht zur Verfügung stellt.
		4.2.4	Auf- und Abbauen sowie Vorhalten der Gerüste, deren Arbeitsbühnen höher als 2 m über Gelände oder Fußboden liegen.

ATV DIN 18381, September 2016		ATV DIN 18381, September 2012	
Abschnitt	**Text**	**Abschnitt**	**Text**
4.2.8	**Herstellen von Schlitzen und Durchbrüchen.**	4.2.5	Stemm-, Bohr- und Fräsarbeiten für die Befestigung von Konsolen und Halterungen sowie das Herstellen von Schlitzen und Durchbrüchen.
4.2.9	**Anschlüsse, Wand- und Deckendurchführungen mit besonderen Anforderungen, z. B. an die Luftdichtheit, Gasdichtheit, Wasserdichtheit.**	4.2.6	Wand- und Deckendurchführungen mit besonderen Anforderungen, z. B. luftdicht, gasdicht.
4.2.10	**Rosetten an Wand- und Deckendurchführungen.**	4.2.7	Einbau von Rosetten an Wand- und Deckendurchführungen.
4.2.11	**Besonderen Befestigungskonstruktionen**, z. B. Widerlager, Rohrleitungsfestpunkte, Rohrlager mit Gleit- oder Rollenelementen, Tragschalen, Stützgerüste.	4.2.8	Liefern und Einbauen von besonderen Befestigungskonstruktionen, z. B. Widerlager, Rohrleitungsfestpunkte, Rohrlager mit Gleit- oder Rollelementen, Tragschalen, Konsolen, Stützgerüste.
4.2.12	Herstellen von Fundamenten für Pumpen, Behälter und sonstige Anlagenteile.	4.2.9	Herstellen von Fundamenten für Pumpen, Behälter und sonstige Anlagenteile.
		4.2.10	Entrosten, Aufarbeiten und Ausbessern des Innen- und Außenschutzes der vom Auftraggeber beigestellten Stoffe und Bauteile.
4.2.13	Einbinden, Anschließen und Anbohren an bestehende Rohrleitungen, Schächte und Anlagenteile	4.2.11	Einbinden, Anschließen und Anbohren an bestehende Rohrleitungen, Schächte und Anlagenteile
4.2.14	Anpassen von Anlagenteilen an nicht maßgerecht ausgeführte Leistungen anderer Unternehmer	4.2.12	Anpassen von Anlagenteilen an nicht maßgerecht ausgeführte Leistungen anderer Unternehmer
4.2.15	**Funktions-, Bezeichnungs- und Hinweisschilder.**	4.2.13	Liefern und Befestigen der Funktions-, Bezeichnungs- und Hinweisschilder.

ATV DIN 18381, September 2016		ATV DIN 18381, September 2012	
Abschnitt	**Text**	**Abschnitt**	**Text**
		4.2.14	Anschließen und Einbauen von bauseits gestellten Anlagenteilen an Rohrleitungen.
4.2.16	**Prüfen der elektrischen Verkabelung der Mess-, Steuer- und Regelanlage sowie Abstellen einer Fachkraft bei der Inbetriebnahme der Mess-, Steuer- und Regelanlage, wenn die Leistungen nicht vom Auftragnehmer ausgeführt wurden.**		
4.2.17	Vorrichten von Anschlüssen, Armaturen und Abläufen im Fugenschnitt von Fliesen oder anderen Belägen.	**4.2.15**	Vorrichten von Anschlüssen, Armaturen und Abläufen im Fugenschnitt von Fliesen oder anderen Belägen.
4.2.18	Verfüllen der Fugen zwischen Sanitäreinrichtungen und angrenzenden Bauteilen sowie das Abdichten von Durchdringungen, z. B. Armaturenanschlüssen, mit elastischen Stoffen.	**4.2.16**	Verfüllen der Fugen zwischen Sanitäreinrichtungen und angrenzenden Bauteilen sowie das Abdichten von Durchdringungen, z. B. Armaturenanschlüssen, mit elastischen Stoffen.
4.2.19	Leistungen für provisorische Maßnahmen zum Betreiben der Anlage oder von Anlagenteilen vor der Abnahme auf Anordnung des Auftraggebers, z. B. Teilinbetriebnahme von Abwasserhebeanlagen.	**4.2.17**	Herstellen, Vorhalten und Beseitigen von Provisorien auf Anordnung des Auftraggebers, z. B. zur vorzeitigen Inbetriebnahme der Anlagen oder Teilinbetriebnahme von Anlagenteilen vor der Abnahme.
4.2.20	Zustandsprüfung vorhandener Gas-, Wasser- und Entwässerungsleitungen.	**4.2.18**	Zustandsprüfung vorhandener Gas-, Wasser- und Entwässerungsleitungen.
4.2.21	Druck- und Dichtheitsprüfungen von Entwässerungsleitungen, **einschließlich deren Dokumentation.**	**4.2.19**	Druck- und Dichtheitsprüfungen von Entwässerungsleitungen.
4.2.22	Spülen von Entwässerungsleitungen oder Anlagenteilen, einschließlich Dokumentation, die nicht zur vertraglichen Leistung gehören, einschließlich der Gestellung der dazu erforderlichen Geräte und Betriebsstoffe.	**4.2.20**	Spülen von Entwässerungsleitungen oder Anlagenteilen, die nicht zur vertraglichen Leistung gehören, einschließlich der Gestellung der dazu erforderlichen Geräte und Betriebsstoffe.

ATV DIN 18381, September 2016		ATV DIN 18381, September 2012	
Abschnitt	**Text**	**Abschnitt**	**Text**
4.2.23	Liefern der für die **Druckprüfung, das Spülen von Trinkwasserleitungen**, die Inbetriebnahme und den Probebetrieb nötigen Betriebsstoffe und Medien.	**4.2.21**	Liefern der für die Druckprobe, die Inbetriebnahme und den Probebetrieb nötigen Betriebsstoffe und Medien.
4.2.24	Zusätzliche Druckprüfungen sowie zusätzliches Füllen und Entleeren der Leitungen aus Gründen, die der Auftragnehmer **nicht** zu vertreten hat.	**4.2.22**	Zusätzliche Druckprüfungen sowie zusätzliches Füllen und Entleeren der Leitungen aus Gründen, die der Auftragnehmer zu vertreten hat.
4.2.25	Spülen von Trinkwasseranlagen oder Teilen davon, **einschließlich Dokumentation**.	**4.2.23**	Spülen von Trinkwasseranlagen oder Teilen davon nach den Normen der Reihe DIN 1988.
4.2.26	Besondere Prüfungen, z. B. Prüfung von Lötnähten, Schweißnähten, Luftdichtheit der Gebäudehülle.	**4.2.24**	Besondere Prüfungen, z. B. Prüfung von Lötnähten, Schweißnähten, Luftdichtheit der Gebäudehülle.
4.2.27	**Desinfizieren von Trinkwasser-Installationen** einschließlich der dazu notwendigen Betriebsstoffe und Reinigungsmittel sowie deren Beseitigung.	**4.2.25**	Desinfizieren und Nachspülen von Trinkwasserinstallationen einschließlich der dazu notwendigen Betriebsstoffe und Reinigungsmittel sowie deren Beseitigung.
		4.2.26	Übernahme der Gebühren für behördlich vorgeschriebene Abnahmeprüfungen.
		4.2.27	Liefern von Vorgaben für System zum Messen, Steuern, Regeln und Leiten für Anlagen und Anlagenteile, die nicht zu den vertraglichen Leistungen gehören.
4.2.28	**Wasseranalysen und Gutachten.**		
4.2.29	**Aufwendungen für vorgeschriebene anlagenspezifische, technische Abnahmeprüfungen.**		
4.2.30	Wiederholtes Einweisen des Bedienungs- und Wartungspersonals (siehe Abschnitt **3.5.2**).	**4.2.29**	Wiederholtes Einweisen des Bedienungs- und Wartungspersonals (siehe Abschnitt 3.4).

ATV DIN 18381, September 2016		ATV DIN 18381, September 2012	
Abschnitt	**Text**	**Abschnitt**	**Text**
4.2.31	**Funktionsmessungen nach Abschnitt 3.6, einschließlich deren Dokumentation.**		
4.2.32	**Bereitstellen von zusätzlichen Daten, die über die Angaben der Richtlinien der Reihen VDI 3813 und VDI 3814 hinausgehen.**		
4.2.33	Herstellen von Mustereinrichtungen und Musterkonstruktionen sowie von Modellen.	4.2.28	Herstellen von Mustereinrichtungen und Musterkonstruktionen sowie von Modellen.
4.2.34	Erstellen von Bestandsplänen, **Funktions- und Strangschemata.**	4.2.30	Erstellen von Bestandsplänen.
4.2.35	**Dokumentation des hydraulischen Abgleichs mit Hilfe von Messgeräten und des Vergleichs mit den rechnerisch ermittelten Einstellungen nach Abschnitt 3.5.1.**		
4.2.36	Besonderer Schutz von Bau- und Anlagenteilen sowie Einrichtungsgegenständen, z. B. Abkleben von Fenstern, Türen, Böden, Belägen, Treppen, Hölzern, Dachflächen, oberflächenfertigen Teilen, staubdichtes Abkleben von empfindlichen Einrichtungen und technischen Geräten, Staubschutzwände, Notdächer, Auslegen von Hartfaserplatten oder Bautenschutzfolien ab 0,2 mm Dicke.	4.2.31	Besondere Maßnahmen zum Schutz von Bau- und Anlagenteilen sowie Einrichtungsgegenständen, z. B. Abkleben von Fenstern, Türen, Böden, Belägen, Treppen, Hölzern, Dachflächen, oberflächenfertigen Teilen, staubdichtes Abkleben von empfindlichen Einrichtungen und technischen Geräten, Staubschutzwände, Notdächer, Auslegen von Hartfaserplatten oder Bautenschutz-folien ab 0,2 mm Dicke.
4.2.37	**Fertigstellen von Bauteilen in mehreren Arbeitsgängen zur Ermöglichung von Arbeiten anderer Unternehmer, soweit die eigenen Leistungen nicht im Zuge gleichartiger Arbeiten kontinuierlich erbracht werden können (siehe Abschnitt 4.1.9).**		

ATV DIN 18381, September 2016		ATV DIN 18381, September 2012	
Abschnitt	**Text**	**Abschnitt**	**Text**
4.2.38	Maßnahmen zum Schutz vor **ungeeigneten** Bedingungen, **die sich aus der Witterung oder dem Raumklima ergeben,** nach Abschnitt 3.1.5.	**4.2.32**	Maßnahmen zum Schutz vor ungeeigneten klimatischen Bedingungen nach Abschnitt 3.1.5.
4.2.39	Maßnahmen für den Brand-, Schall-, Wärme-, Feuchte- und Strahlenschutz, soweit diese über die Leistungen nach Abschnitt 3 hinausgehen.	**4.2.33**	Maßnahmen für den Brand-, Schall-, Wärme-, Feuchte- und Strahlenschutz, soweit diese über die Leistungen nach Abschnitt 3 hinausgehen.
4.2.40	Reinigen des Untergrundes von grober Verschmutzung, z. B. Gipsreste, Mörtelreste, Farbreste, Öl, soweit diese nicht durch den Auftragnehmer verursacht wurde.	**4.2.34**	Reinigen des Untergrundes von grober Verschmutzung, z. B. Gipsreste, Mörtelreste, Farbreste, Öl, soweit diese nicht durch den Auftragnehmer verursacht wurde.
		4.2.35	Herstellen von luftdichten Anschlüssen an angrenzende Bauteile.
5	Abrechnung Ergänzend zur ATV DIN 18299, Abschnitt 5, gilt:	**5**	Abrechnung Ergänzend zur ATV DIN 18299, Abschnitt 5, gilt:
5.1	**Allgemeines**		
5.1.1	Der Ermittlung der Leistung – gleichgültig ob sie nach Zeichnungen oder nach Aufmaß erfolgt – sind zugrunde zu legen: – die Maße der **hergestellten Anlagen** oder Anlagenteile. Stücklisten dürfen hinzugezogen werden. **Zur Leistungsermittlung sind die vereinfachenden Regeln, wie Übermessungsregeln und Einzelregelungen anzuwenden.**	**5.1**	Der Ermittlung der Leistung – gleichgültig ob sie nach Zeichnungen oder nach Aufmaß erfolgt – sind die Maße der Anlagenteile zugrunde zu legen. Stücklisten dürfen hinzugezogen werden.

ATV DIN 18381, September 2016		ATV DIN 18381, September 2012	
Abschnitt	**Text**	**Abschnitt**	**Text**
5.2	**Ermittlung der Maße/Mengen**		
5.2.1	Bei Abrechnung nach Längenmaß werden **Rohrleitungen in der Mittelachse gemessen**. Dabei werden Rohrbögen bis zum Schnittpunkt der Mittelachsen gemessen. Armaturen, **Rohrbögen** und Formstücke werden zusätzlich gerechnet	5.2	Bei Abrechnung nach Längenmaß werden Rohrleitungen einschließlich ihrer Bögen sowie Form-, Pass- und Verbindungsstücke in der Mittelachse gemessen. Dabei werden Rohrbögen bis zum Schnittpunkt der Mittelachsen gemessen. Armaturen und Formstücke werden zusätzlich gerechnet.
5.2.2	Bei Abrechnung nach Masse ist diese nach folgenden Grundsätzen zu berechnen:	5.3	Bei Abrechnung nach Masse ist diese nach folgenden Grundsätzen zu berechnen:
5.2.2.1	Es sind anzusetzen – bei Stahlblechen und Bandstahl **7,85 kg/m²** je 1 mm Dicke, – bei genormten Profilen die Masse **nach den Angaben in den DIN-Normen,** – bei anderen Profilen die Masse nach den Angaben in den Profilbüchern der Hersteller.	5.3.1	Es sind anzusetzen – bei Stahlblechen und Bandstahl 8 kg/m² je 1 mm Dicke, – bei genormten Profilen die Masse nach den Angaben in den DIN-Normen mit einem Zuschlag von 2 % für Walztoleranzen, – bei anderen Profilen die Masse nach den Angaben in den Profilbüchern der Hersteller.
5.2.2.2	**Bei der Berechnung der Masse bleiben unberücksichtigt: Verbindungsmittel, z. B. Schrauben, Niete, Schweißgut.**	5.3.2	Bei geschraubten, geschweißten oder genieteten Stahlkonstruktionen werden der nach Abschnitt 5.3.1 ermittelten Masse 2 % zugeschlagen.
5.2.2.3	Bei verzinkten Bauteilen oder verzinkten Konstruktionen werden zu den Massen, die nach den zuvor genannten Grundsätzen ermittelten wurden, 5 % **aufgrund der Gewichtszunahme durch das Verzinken** zugeschlagen.	5.3.3	Bei verzinkten Bauteilen oder verzinkten Konstruktionen werden zu den Massen, die nach den zuvor genannten Grundsätzen ermittelten wurden, 5 % für die Verzinkung zugeschlagen.

ATV DIN 18381, September 2016		ATV DIN 18381, September 2012	
Abschnitt	Text	Abschnitt	Text
5.3	Übermessungsregeln Übermessen werden: Bei Abrechnung nach Längenmaß – Armaturen, – Rohrbögen, – Form-, Pass- und Verbindungsstücke.		
5.4	Einzelregelungen Keine Regelungen.		